江戸の動植物図譜

江戸時代的動植物圖譜

從珍貴的500張工筆彩圖中
欣賞日本近代博物世界

監修：狩野博幸　翻譯：陳芬芳
名詞審定：林哲緯、陳賜隆

專家推薦

江戶時代（1603—1867）是德川幕府統治日本的年代，長達兩百六十餘年的太平盛世，經濟也隨之蓬勃發展，文化及民眾教育水準大為提升。其間雖有鎖國政策，但學術、文化、技術等西洋新知識仍可透過荷蘭人引入，加上十八世紀之後的逐漸開放，使得本草、博物、花藝等學域的探索研究有長足的發展及成果。特別是伴隨西洋文化的湧入，外國草木花卉、鳥獸蟲魚的大量輸入，以及幕府中晚期各藩對動、植、礦物及藥材的搜集調查，連帶培育養殖技術的發展及產品的普及化，遂發展出了以花鳥、獸禽、蟲魚等繪畫為首的獨特創作特質及教養風尚。

本書精選該時期代表性畫家的四十二件圖譜卷軸及其中的插繪，各作品的時代背景、作者簡歷和作品資訊均有詳細的述說。全書大致分為植物、鳥類、野獸、昆蟲和魚貝等類別，舉凡原生、外來、培育的物種均涵蓋於內；以用途而言包括藥材、食用蔬果、觀賞動植物等多類物種。在表現上，融合繪浮世繪及西洋畫的技法，藉助木刻版畫及臨摹描繪方式，對每種動植物的形象精準描繪，藥材各部分細節的描繪更為詳盡。

全書呈現出藝術與博物知識的完美結合，畫中的主題顯著，色彩清新，絢麗錯雜，靈秀妍美，格高韵雅。此種博物學及博物圖譜的創作熱潮以及所產出的大量作品，奠定了江戶末期及明治初期現代博物學及之後生物學的堅實基礎。

——謝長富／國立臺灣大學生態學與演化生物學研究所兼任教授（已退休）

前言

結束長年的戰爭、邁入和平的江戶時代裡，庶民最關心的莫過於無病無災，江戶幕府也迎向需要迎合農業發展振興醫學的局面。研究將自然界動植物等做成藥物的學問，在中國叫「本草（藥學）」，是自古醫者必備的學問。

日本在江戶時代雖然處於鎖國時期，但是和本草以及天文曆日有關的書籍，仍可從荷蘭與中國等其他國家自由輸入，而諸多所費不貲的海外書籍購買行為背後，也與幕府振興醫學產業息息相關。

另一個促使動植物圖譜盛行的原因，還可歸功於各藩致力增產興業之際所編纂的《諸國產物帳》。此為江戶時代中期享保二十年（西元一七三五年）至元文三年（一七三八）之間，幕府為清查各地物產而命令本草學者丹羽正伯（一七〇〇～一七五三）有組織性地要求各村進行調查，再根據報告內容編纂而成，網羅了全國上下的動植物與礦

物等。

此後藩國大名也開始自力編製圖譜，甚至出現專程聘請繪師作畫者。除了武士，在醫生和庶民之間也出了許多觀察研究動植物的自然學者。他們競相透過精密的動植物觀察，力求達到據實描寫的「寫真」，以及以實物為對象的「寫生」。

江戶時代隨浮世繪人氣高漲而急速發展的木版畫，也成為助長圖譜普及的一臂之力。動植物圖譜陸續發刊問世，可惜木版畫製作成本過高而未能長久持續，許多圖譜出版計畫因而中挫，導致不少優秀的動植物圖譜被埋沒，至今仍未能付梓。

在這裡必須先說明的是，江戶時代的圖譜有很多是屬謄錄之作，尤其是動物圖譜裡常見抄錄自他人畫作的情形，連附注和年月日記載也仿得維妙維肖。這是因為，在那個時代裡只能用這種方式將圖譜留在身邊，隨時參考備用。

因此本書的圖譜裡亦不乏謄錄之作，在了解到這一點之後，以下就來介紹鮮為人知的江戶時代珍貴遺產——動植物圖譜。

《畫本蟲選》喜多川歌麿 宿屋飯盛（石川雅望）撰
天明8年（1788）刊 蔦屋重三郎版 日本國立國會圖書館藏

◉目錄◉

〔植物圖譜〕

〔鳥類圖譜〕

【圖例】

◎本書內文刊載的所有動植物圖譜均為日本國立國會圖書館所藏。

◎本書收錄的圖譜是依植物、鳥、獸、昆蟲和魚貝類做區分，並根據製作年代順序排放。

◎個別標示以「原圖譜中標示之名稱・中文名稱」為記。前後名稱相同時，僅標示前者。

◎圖中未能正確描繪特徵者將附記「（不正確）」。

〔獸類圖譜〕

〔蟲類圖譜〕

〔魚貝類圖譜〕

「動植物寫生與狩野派」

狩野 博幸

說起江戶時代初期身為德川家頂級御用繪師（奧繪師）、築起狩野家繁榮基礎的狩野探幽（一六〇二～一六七四）代表性畫作，最先想到的肯定是二條城和名古屋城等的城郭障壁畫，又或大德寺、妙心寺和西本願寺之寺院障壁畫。但探幽身為畫家還有個功績是，保留了大量日常觀察動植物的寫生圖卷。

在指揮前述障壁畫創作之餘，探幽仍不忘在領受賞賜的江戶城鍛治橋門外的宅第內，以簡單的筆畫速寫每日送來的中國與日本繪畫，並加註短評，形成數量龐大的卷軸與畫帖，通稱「探幽縮圖」。但這些資料卻在探幽五十五歲的明曆大火之中，因為火舌延燒到自宅而全數付諸一炬。現存為數可觀的「縮圖」，是探幽在那場大火之後畫的，其中還包括大火前的自然觀察「寫生圖卷」。顯然大火沒有摧折探幽的意志，而這種驚人的毅力是無法單純從障壁畫和屏風畫中看出來的。

在提到探幽寫生畫的時候，最常介紹的是東京國立博物館藏的〈草木花寫生圖卷〉，但在這裡舉京都國立博物館典藏本的部分畫作為例。且看上圖的南瓜，淡彩中帶有印象畫的筆觸。記得筆

〈南瓜圖〉狩野探幽
出自〈探幽縮圖〉
京都國立博物館藏

者在很久以前做介紹的時候，曾形容它簡直像法國印象派畫家的水彩畫，但仔細想想，這可是比塞尚（Paul Cézanne）和莫內（Claude Monet）等印象派大師還要早個兩百年的作品。

探幽在出奇忙碌的生活裡還能勤加寫生的原動力，究竟來自何處？直到某個時期為止，探幽的這些作品一直被舉為近世寫生圖的初期範例。在學習研究社出版的《花鳥圖的世界》系列第三卷〈絢爛的大畫一〉（一九八二年）中，有個由武田恒夫和武野惠兩人做詳盡解說的作品，是上下約二十六公分、全長不及六公尺，用略為粗糙的紙張黏接而成的〈鳥類圖卷〉。

此卷雖然名為〈鳥類圖卷〉，但除了一五〇隻鳥，還有三隻蝴蝶、一隻昆蟲、一隻鼬鼠以及五種花草圖案。該圖卷在前書做介紹的時候，還是私人寄託京都國立博物館保存的作品，後於筆者任職同一機構期間，收購成為同館典藏品（順便一提，收購金額為五百萬日圓）。

卷中黏接次序雖有前後錯亂的情形，但大致可分為A、B、C三個群組，詳情請參考前述出版品的介紹。在這裡要特別提出來的是，A群組的鳥類圖畫，跟狩野元信又或其身邊畫家作品（如大德寺塔頭屏風等）裡的禽鳥，種類極為相近，暗示了該圖卷可能跟狩野家有密切的關係。

另一個值得注意的是圖中的“紀年”。A群組裡有「天文九十月廿二日」、B有「天文十一　二九」、C有「天正四　正

〈鳥類寫生圖〉
狩野永德與其他
京都國立博物館藏

月十五」的標示，各為天文九年的一五四〇年、天文十一年的一五四二年，以及天正四年的一五七六年。其中天文九年與十一年的時候，元信仍健在。到了天正四年，坐鎮狩野家的首領已經改為永德，而就在同一年織田信長下令建設安土城，永德於是帶著長男光信和弟子從京都前往安土（現滋賀縣）。

再來就是，圖卷裡的題字也透露出重要的訊息。

①A群組「松鴉直寫者也」

②B群組「寫生也」

③C群組「生鳥直寫畢」

三者均表露畫家是諳於「寫生」的。以下做簡單說明，①指的是「直接看著眼前的松鴉做描繪者」；在這裡雖然無法確認當時「直」字的日語唸法為何，但意思確實是如此。②是附記於紅頭伯勞鳥圖者，特以說明「此為寫生」。

從①跟②的情況，無法判斷是否為生擒松鴉和伯勞鳥進行寫生，但是就①的「直」字來說，是有其可能性。反倒是附注在鴨圖裡的第③類「生鳥直寫」，毫無疑問地指的就是「親眼看著活鳥（活鴨）寫生」的意思。對於約莫天正四年的狩野派主要人物，在繁重的工作之餘仍持續「活鳥寫生」的作為，讓筆者甚為感動。

當然，筆者也不打算隱藏該圖卷裡的C群組畫家「推斷是狩野永德」的想法。

身為需要大量繪製障壁畫、屏風又或掛軸和扇面中花鳥畫的狩野派繪師，在臨摹中國與日本先進作品裡花鳥主題的一貫作業裡，編製該圖卷也是必然的。以前筆者在美術雜誌《國華》和小學館出版的《狩野永德的青春時代》裡曾經介紹，京都國立博物館「狩野永德展」首度公開的〈花鳥圖押繪貼屏風〉（六曲一雙）裡，每一面都有〈上杉家本洛中洛外圖屏風〉裡也可見到的永德標準落款「州信」字樣。從二十三歲完成〈上杉家本〉來推算，〈花鳥圖押繪貼屏風〉應該是永德在二十歲前後的作品。筆者發現其中一幅看似寫生風格的鶺鴒，與前述〈鳥類圖卷〉的B群組，即標有天文十一年畫作裡的鶺鴒姿態極為相像。永德生於天文十二年（一五四三）五月十三日，儘管〈花鳥圖押繪貼屏風〉散發年輕活潑的熱情，仍可看出畫中的鶺鴒是“請”自〈鳥類圖卷〉的。而且不只如此，幾乎同一作品裡躍然紙上的鳥類圖案也不全是出於「寫生」，正可用來說明狩野家作畫時的真實模樣。

然而事實的真相其實是複雜的。就算狩野家臨摹先進畫作主題是必然的，該圖卷仍證實了一個不爭的事實是，從元信到永德，主導狩野家的大師們不僅會臨摹，也對自己課以實物寫生之責。這個事實背後有著重大的意義。此前探幽的寫生圖卷一直被舉

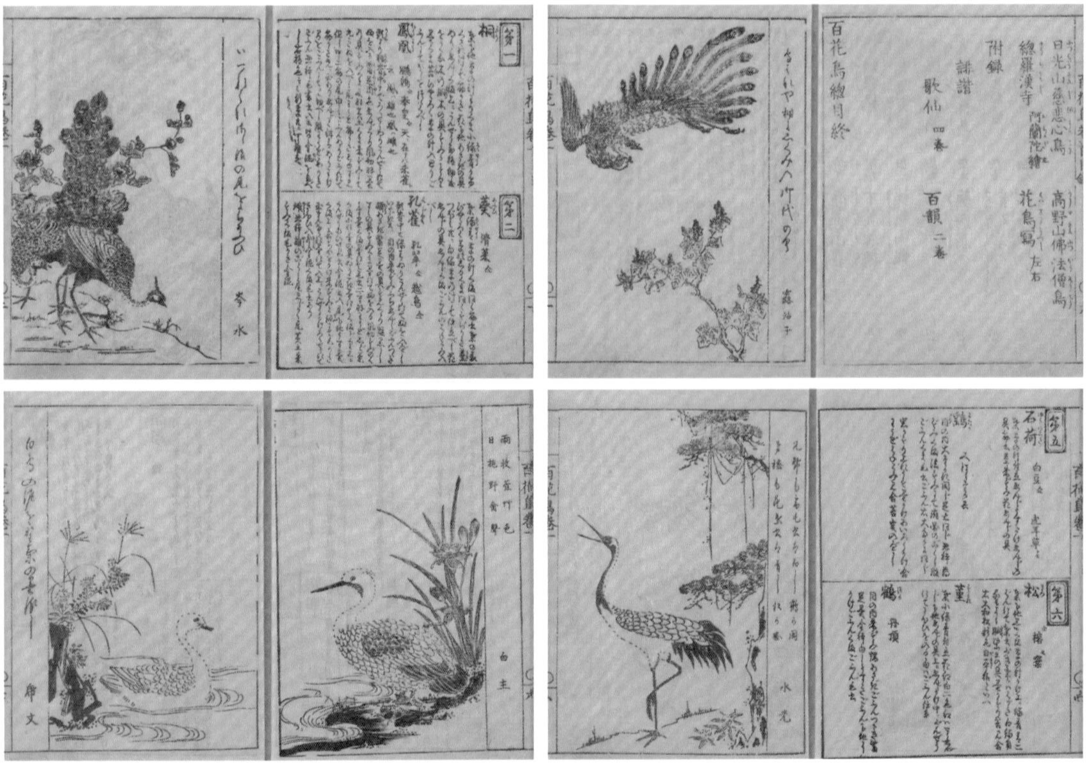

為是實物寫生的初期代表作，但〈鳥類圖卷〉讓狩野派的實物寫生得以進一步追溯到百年之前。

狩野永德享負盛名的代表作〈唐獅子圖屏風〉裡，狩野探幽以「狩野永德法印筆」的題字為該作品鑑定背書。或者該說，正是此舉讓〈唐獅子圖屏風〉成為永德代表作的。儘管父親孝信的聰明才智遠近馳名，但探幽對祖父永德身為畫家的"智勇"當是更加傾心，當然也知道世人評論他是「永德再世」。

要說探幽對於從元信到永德——亦即室町時代後期到桃山時代的狩野家——勤於臨摹先進作品兼動植物寫生的情況漠不關心，還真令人難以想像。

他肯定是效法永德，貫徹狩野家臨摹與寫生的做法——永德祖父不也這樣嗎？

能在明曆大火之後還留下如此大量的「探幽縮圖」和「探幽寫生圖卷」，只能說探幽把這樣的工作視為是"狩野家嫡流"的神聖日課，而且不為譁眾取寵，純然是關起門來獨自操課的寂寞工作。可惜探幽這種孜孜不怠的日常作為很少被提及。

被評為是尾形光琳繪畫資料的小西家舊藏史料裡，有一幅向來被認為是光琳寫生作品的〈鳥獸寫生圖卷〉，直到日本美術史學者辻惟雄從大英博物館藏的狩野派畫家野田洞眠的同名作品研究中，證實此為探幽寫生圖卷的臨摹之作（《美術研究》三十），

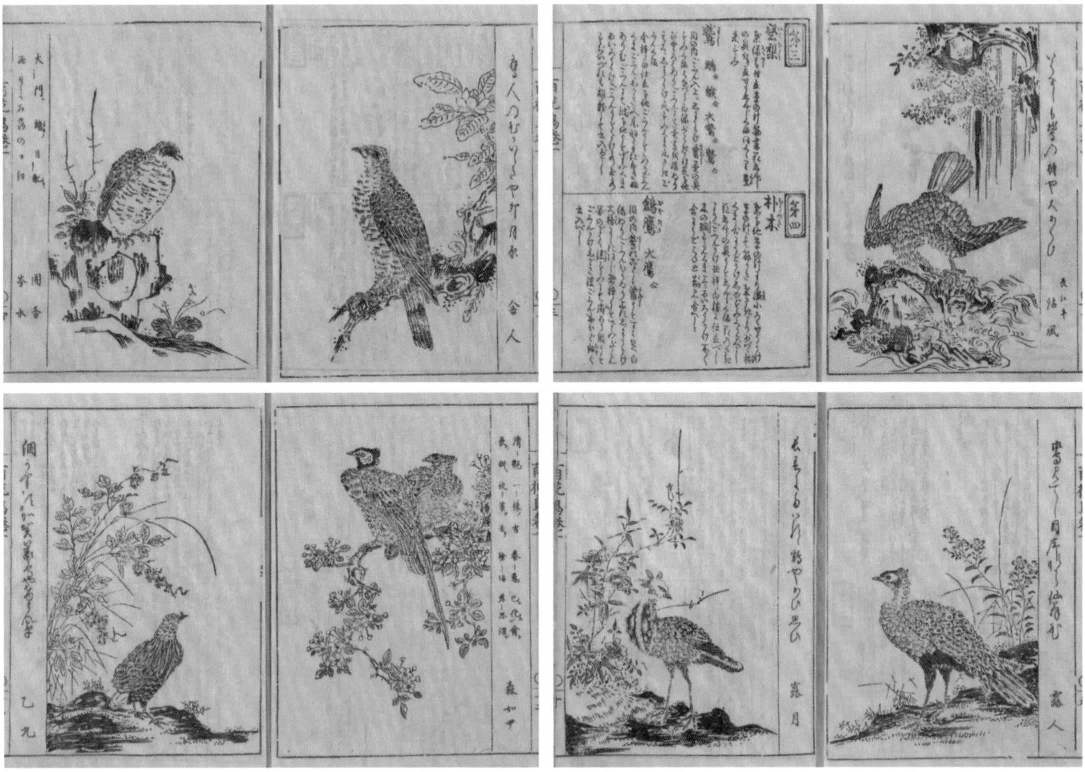

《畫圖百花鳥》狩野探幽 享保14年（1729） 國立國會圖書館藏

說明了探幽寫生圖強大的影響力。但讀者仍需了解到，小西家舊藏史料裡還是有幾個被認定是光琳實物寫生的作品，像是二隻體態各異的雙貓圖和枝豆圖等。更值得注意的是燕子花的素描，可能是啓發〈燕子花圖屏風〉（根津美術館藏）和掛軸〈燕子花圖〉（大阪市立美術館藏）創作的契機。

說起光琳，不得不提及弟子渡邊始興，此人也繪有〈鳥類真寫圖卷〉，不用說也知道是效法其師〈鳥獸寫生圖卷〉的作品。再想到私淑始興的畫家圓山應舉，讀者或許已經看出前述從十六世紀中葉到十八世紀中葉的兩百年間，日本動植物寫生畫發展的一貫性了吧。

貫穿其中的就是狩野派。在十八世紀諸國大名致力推行動植物圖譜編纂時，效力其中的除了狩野派別無其他，因為在探幽之後，諸國大名的御用繪師幾乎由狩野派畫家獨占。這種學院派機制是由組織結構裡最高層的江戶狩野家所掌控，換句話說就是狩野派封建體制。日本在第二次世界大戰戰敗之後，江戶時代和狩野派成為人人忌諱的話題，狩野派因而被貶為「缺乏藝術性」。

但筆者不認同這等淺薄的歷史見解。

不說光琳，且看應舉和若沖，支撐他們畫業基礎的不正是來自狩野派畫家的指導？正因為狩野派的繪畫在那個時代是堅定的，才能創作出“超逸”之作。

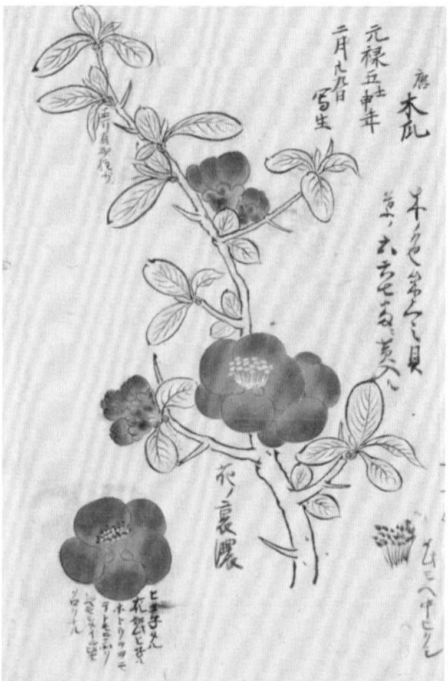

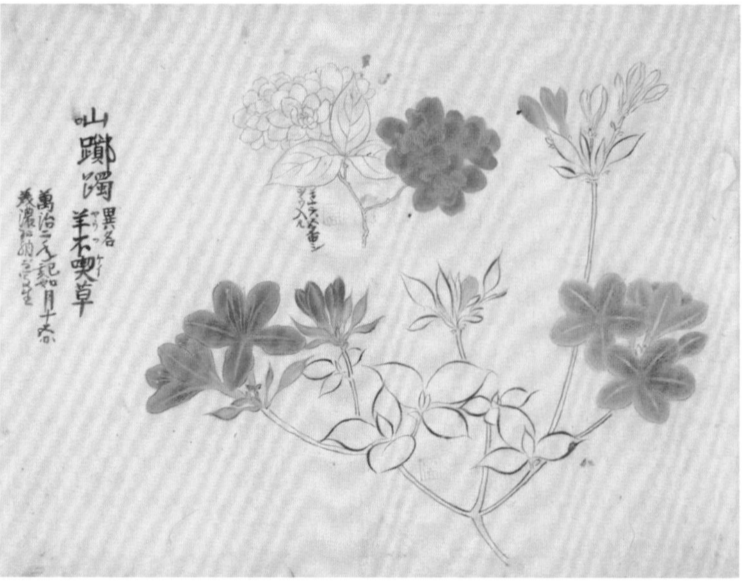

（上段・右起）木瓜／山躑躅／椿・日本山茶

『草木寫生春秋之卷』

狩野重賢・畫　寫本

◎明曆三年（一六五七）～元祿十二年（一六九九）

畫家狩野重賢的經歷不明，卻又跟美濃的加納藩似乎有關。畫於明曆三年（一六五七）至元祿十二年（一六九九）之間的卷軸裡，收錄了二八四幅圖畫，幾乎都是園藝植物。據說二代將軍德川秀忠對山茶花的愛好，是促成江戶時代園藝盛行的原因之一。在江戶時代前期是以山茶花、櫻花、梅花、躑躅（杜鵑）和槭樹等木本植物為主，草本方面大概只有菊花，但是到了中期之後草本植物躍升為主角，有萬年青、朝顏（牽牛花）、松葉蕨、花菖蒲和福壽草等登場。

〔上段・右起〕
牡丹
凌霄花
躑躅・杜鵑／矢車躑躅／梨花／映山紅・霧島杜鵑／八重躑躅
木芙蓉
木槿

〔下〕
夾竹桃

『植物寫生圖帖』

松平賴恭・編　寫本

該圖譜是臨摹松平賴恭編纂之《寫生畫帖》的寫本，收錄了一七五種植物；正本則由高松藩送往長崎，經幕臣的漢學學者平澤元愷向清人詢問植物名稱，當時的問答內容也收錄在其中。松平賴恭是江戶時代中期的大名，派人研究砂糖和鹽的製法等，致力於增產興業。其所編纂的圖譜，現存《眾鱗圖》、《眾禽畫譜》、《寫生畫帖》和《眾芳畫譜》四冊。

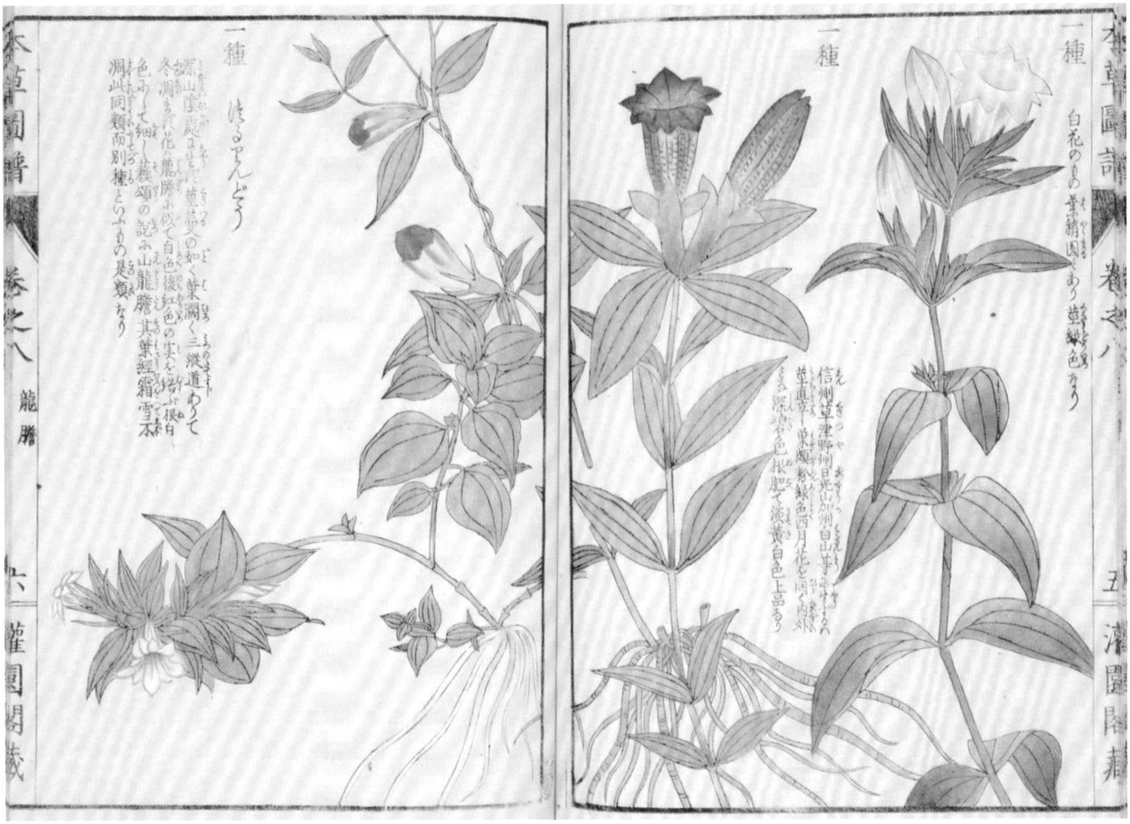

〔上段・右起〕龍膽*／大薊／番紅花

*圖中之一莖具纏繞性的可能為肺形草屬植物，非屬龍膽。

『本草圖譜』

岩崎灌園・著　寫本

◎天保元年（一八三〇）～弘化元年（一八四四）

全九十六卷、收錄二千餘種植物，是日本第一本正式的彩色植物圖譜。每張圖各收在美濃紙版一頁（約27×39㎝）或對開兩頁大小的紙面。全九十六卷裡，僅開頭的六卷為木刻版，其餘均以抄寫本發行。岩崎灌園是江戶幕府的下級武士，喜好採集與栽培植物，工作之餘利用空閒時間漫步山野寫生，受到佐野藩主堀田正敦的賞識而把植物圖呈獻給幕府。《本草圖譜》出版時，是由畫家臨摹灌園的畫，以四冊為一套的方式，發配給預購書籍的人。內容所涵蓋的國外植物，是仿自德國藥劑師與植物學者約翰・魏因曼（Johann Wilhelm Weinmann）所著《植物圖譜》。

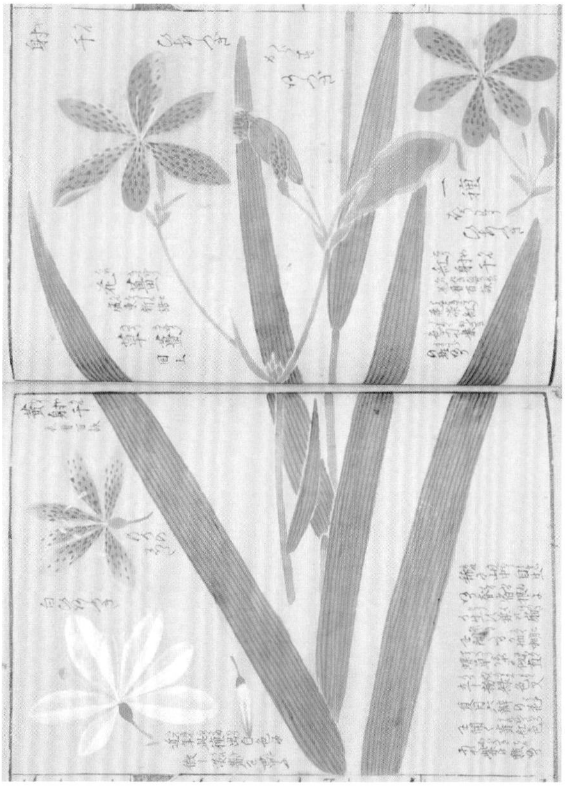

〔上段・右起〕
秋蘭・建蘭／射干／芍藥／片栗・豬牙花

虎掌

黄蜀葵
一種

一種

一種

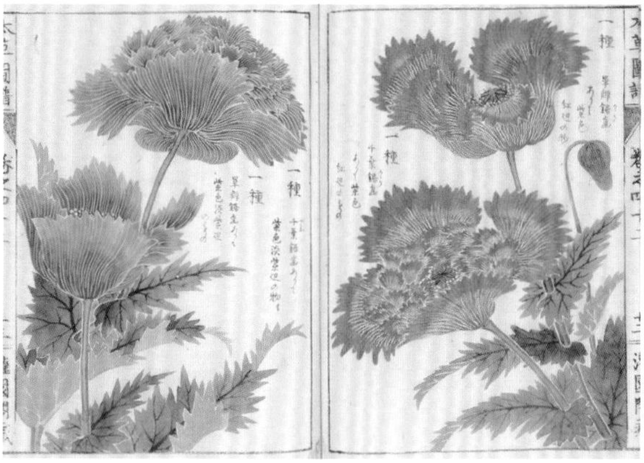

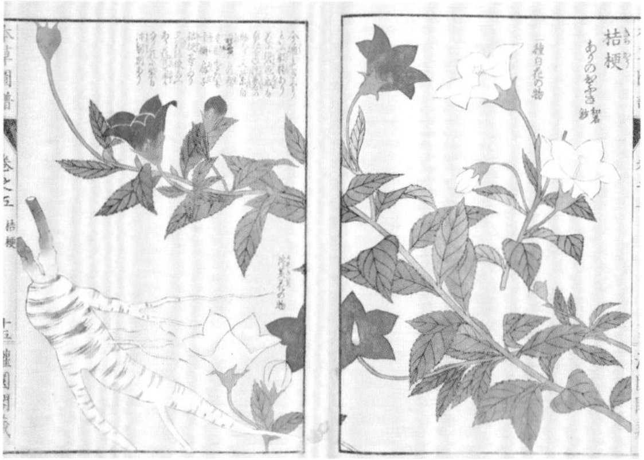

〔上段・右起〕
鐵腳威靈仙・轉子蓮
罌子粟的一種・罌粟
桔梗
罌子粟的一種・罌粟
牽午子*・牽牛花
*應為古籍標記有誤→牽牛子

〔下〕
蓮花的一種 玉繡蓮

〔前頁上段・右起〕
黃蜀葵
虎掌
錫杖 大豆的一種・錫杖大豆
苦瓜的一種

『梅園百花畫譜』

毛利梅園・畫

◎文政八年（一八二五）

毛利梅園是江戶築地的旗本之子，二十多歲起對博物學感到興趣，留下許多精美的動植物素描，且多為實物寫生，在盛行臨摹他人畫作的江戶時代博物學圖譜裡，甚為難得，成為毛利作品的特色，也留給後世了解動植物的優良參考資料。

（上段・右起）
卷丹
蜀葵

（次頁上段・右起）
麗春花
刺薊菜 小薊
瞿麥・石竹

刺薊菜
小薊
青刺薊

麗春花

瞿麥
洛陽花
石竹子

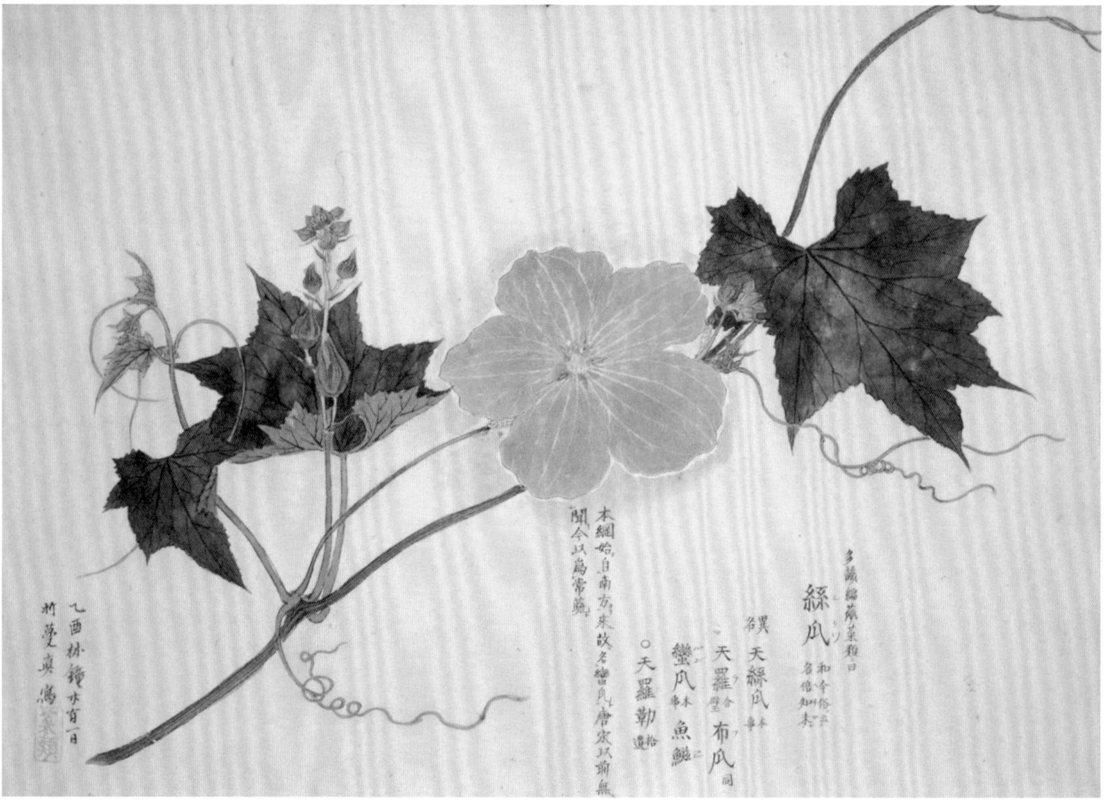

〔上段起〕沙羅雙樹・夏山茶／絲瓜

〔上段起〕風車花 鐵線蓮／玉蘂花 時計草・西番蓮

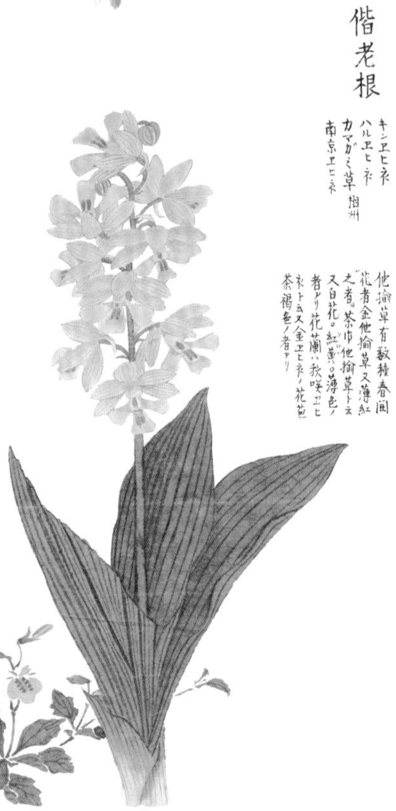

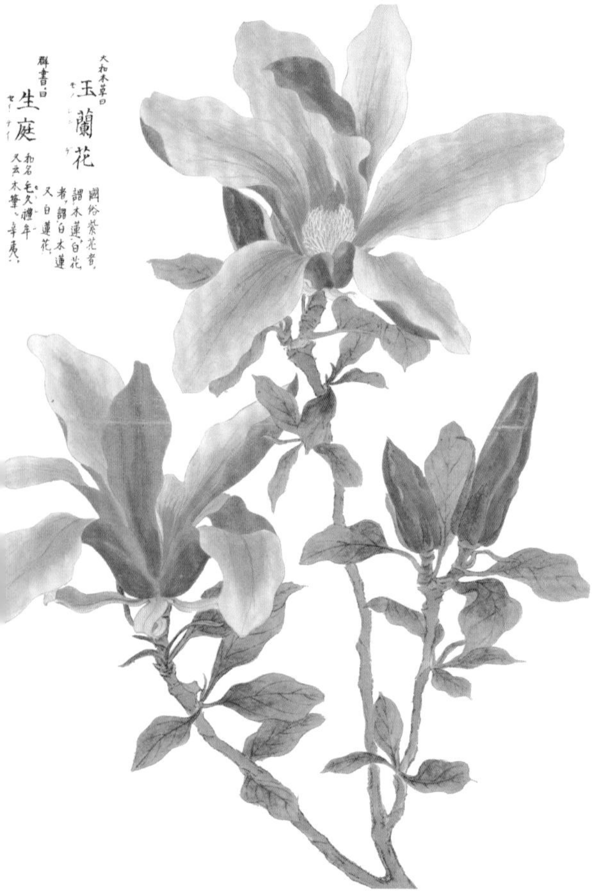

（上段・右起）
王孫・豬牙花
偕老根 金蝦根 春蝦根・黃根節蘭
通泉草・匍莖通泉草
玉蘭花・辛夷
木蘭・二喬木蘭

（次頁 上段・右起）
紫藤花・多花紫藤
黃金水僊 阿蘭陀黃水仙・丁香水仙
天南星
山茶・日本山茶
木賊
棣棠花

『梅園草木花譜』

毛利梅園・畫　親筆　全十七帖

◎文政八年（一八二五）

該植物圖譜由〈春之部〉四帖、〈夏之部〉八帖、〈秋之部〉四帖和〈冬之部〉一帖組成，共收錄一二七五種植物，並以別冊標示目錄，是梅園圖譜的主要作品。優美的構圖和色彩，足以當成美術品鑑賞。圖中記載了和式與漢字名稱、採集地點和引用自其他書籍的解說。〈春之部〉第一帖和第二帖分別有文政八年（一八二五）以及天保十五年（一八四四）的自序。

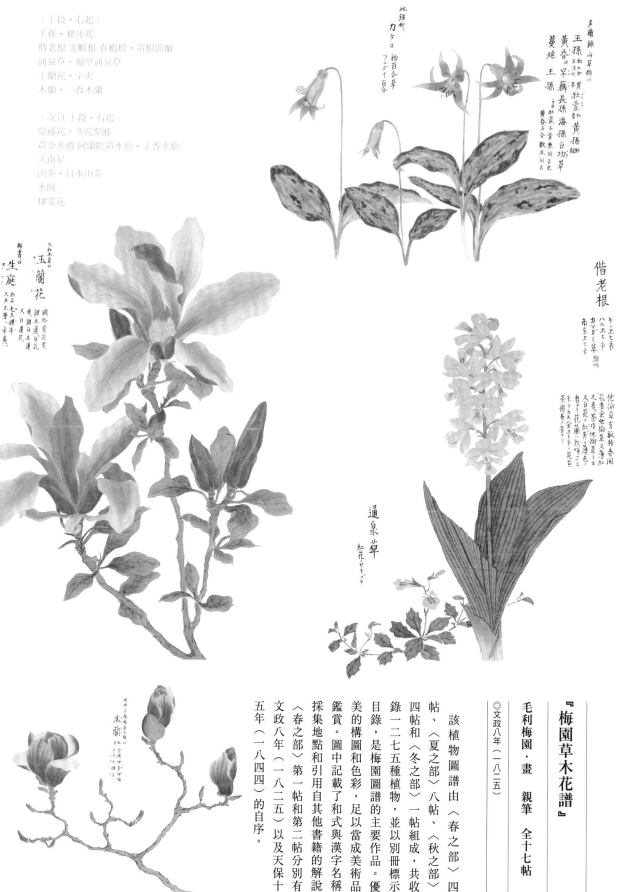

黄金水僊
阿蘭陀黄水仙

紫藤花
増補多識編蔓草類曰
紫藤
和名 今俗布知
乃波那

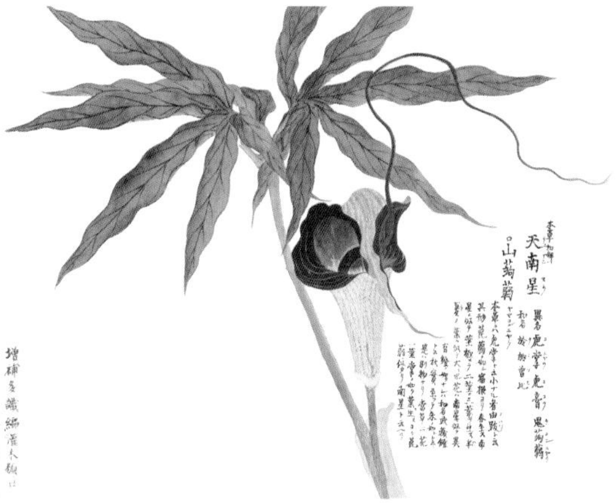
天南星
山蒟蒻
異名 鹿掌 虎膏 鬼蒟蒻

和漢三才圖會灌木類載
海石榴
増補多識編灌木類曰
山茶

和漢三才圖會蔓草類曰
棣棠花
地棠花
御帯花
金盌
カナリーサート 蘭名
カナアリヤス

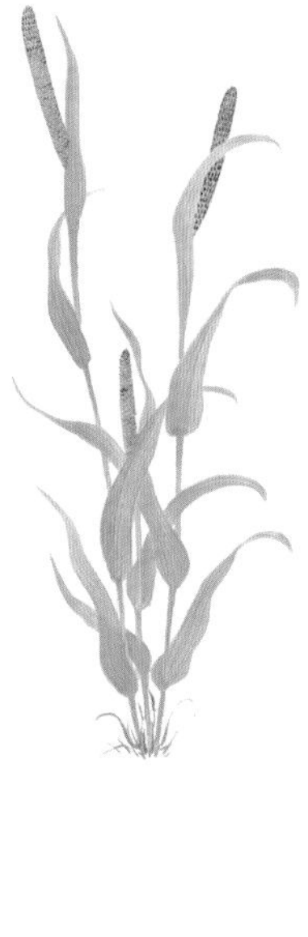

本草綱目湿草類出
木賊
和名 度久散

〔上段・右起〕
鹿子百合
胡瓜
綿花・草棉
翠蝴蝶・鴨跖草
朝鮮薊*
*此物種非現代料理常用的朝鮮薊／洋薊(*Cynara scolymus*)。

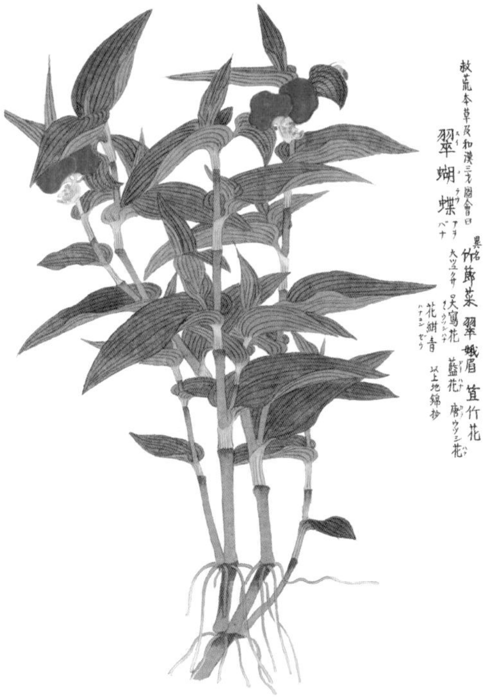

〔上段・右起〕
藊豆・扁豆
夾竹桃
療愁的一種・萱草
千日紅

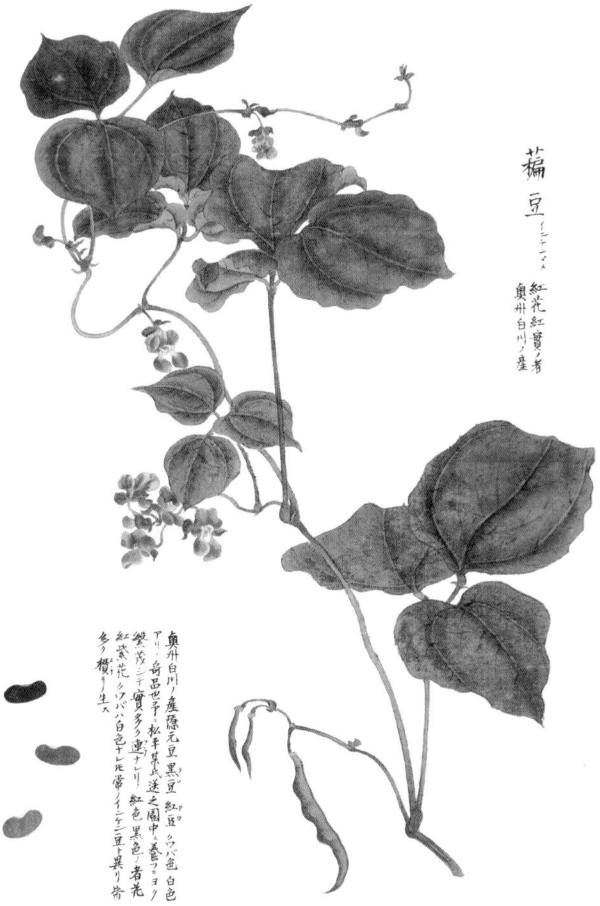

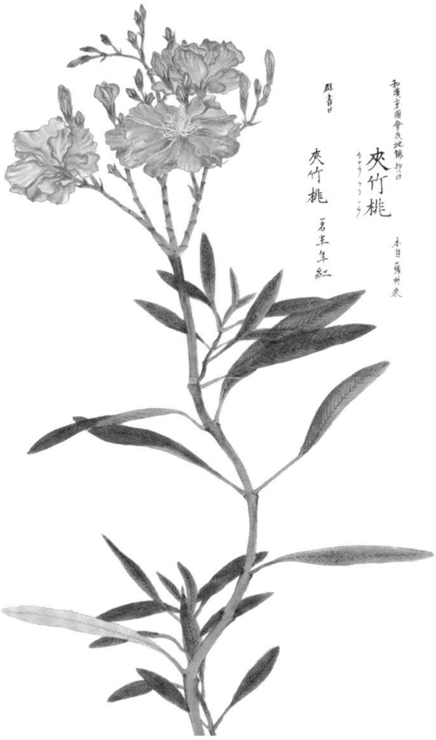

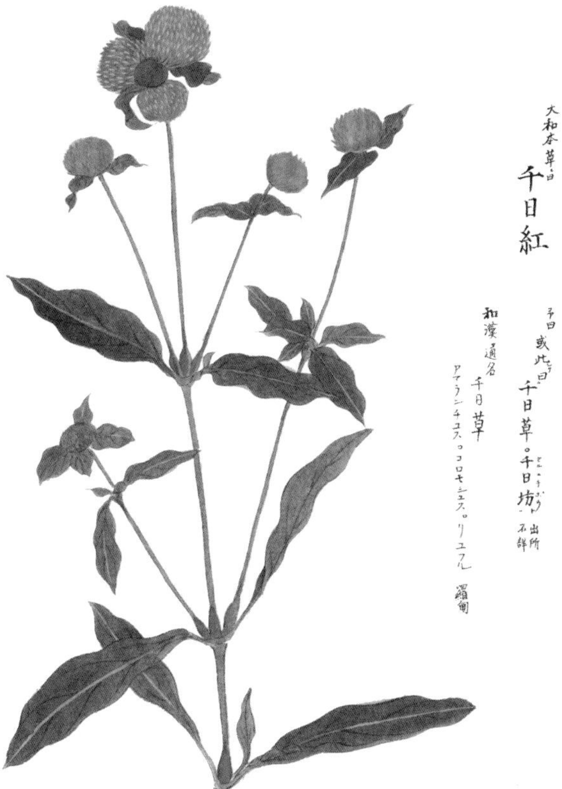

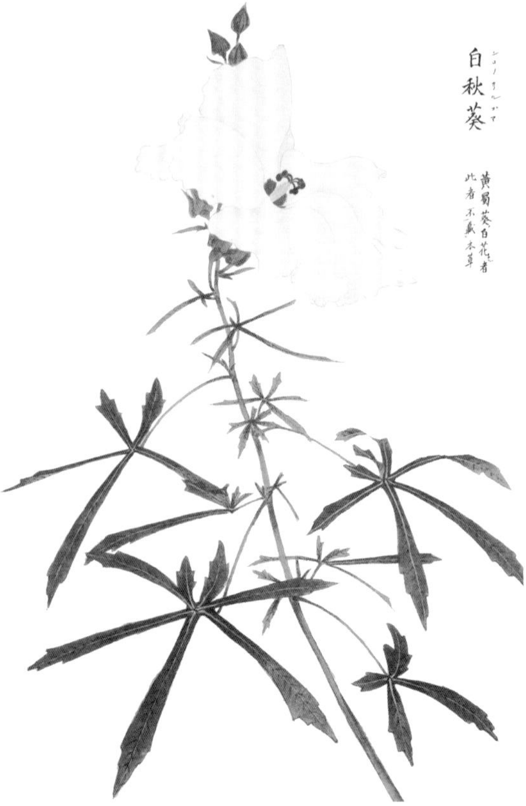

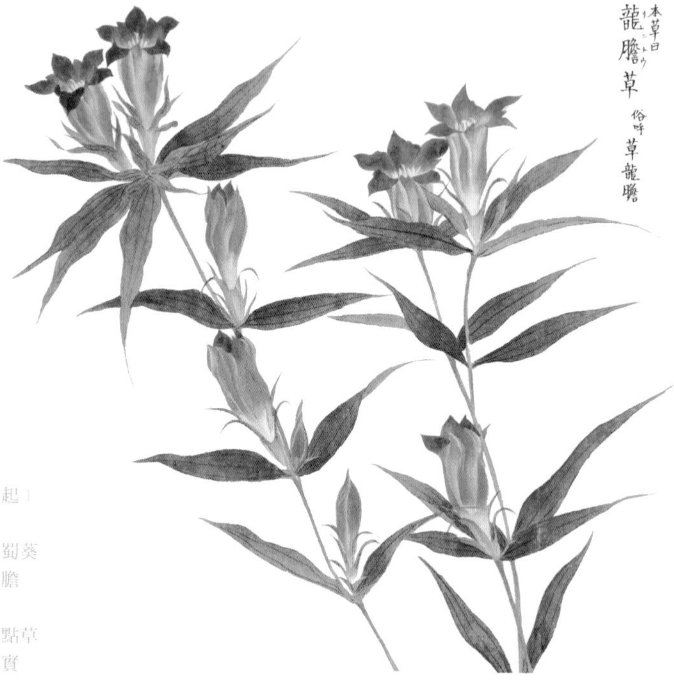

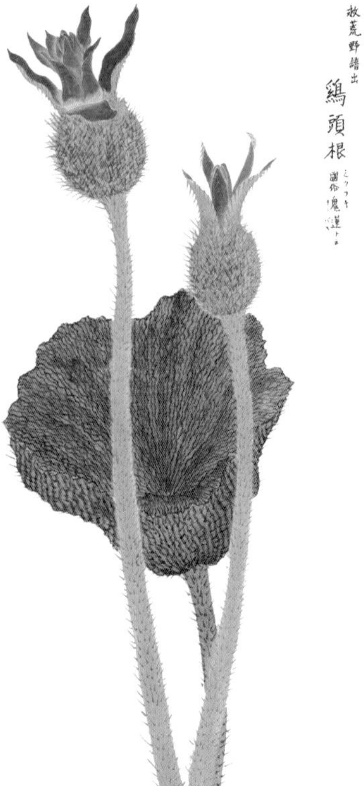

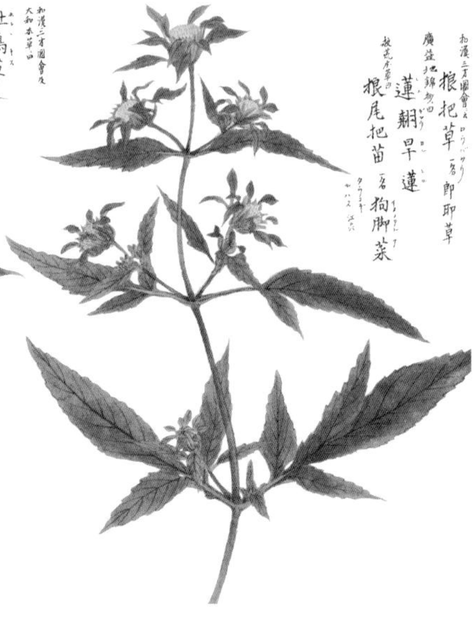

〔上段・右起〕
冬瓜
白秋葵・黃蜀葵
龍膽草・龍膽
狼把草
杜鵑草・油點草
雞頭根・芡實

〔上段・右起〕
夜落金錢・午時花
金宣・萱草
石龍膽・日本肺形草
蘭草
藍菊
蓮花

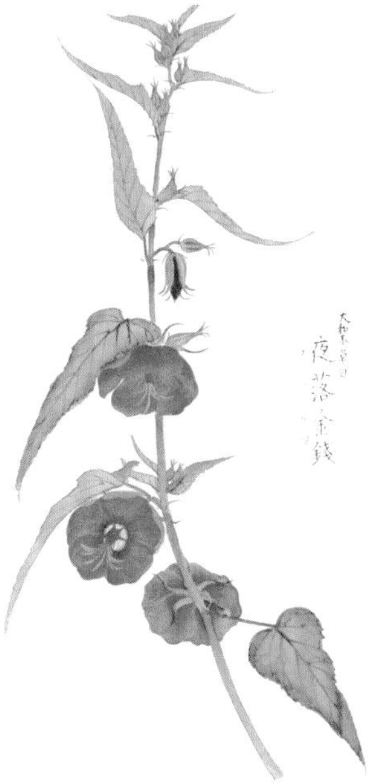

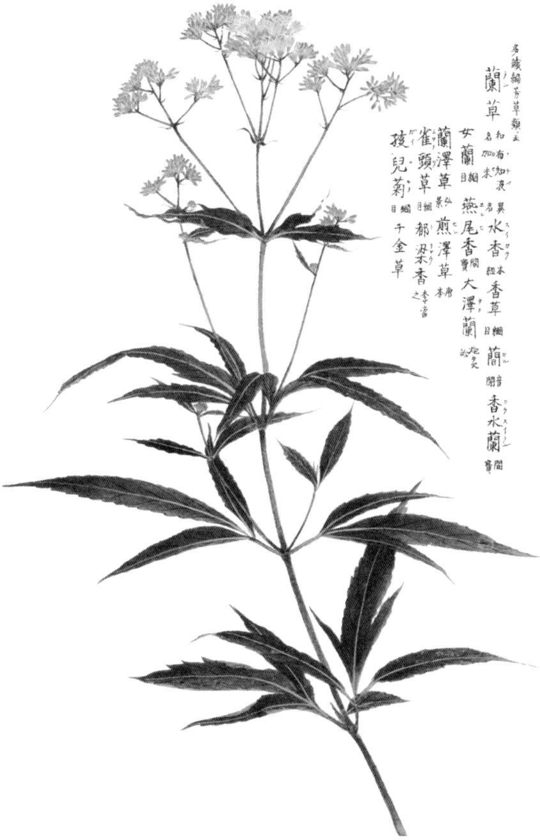

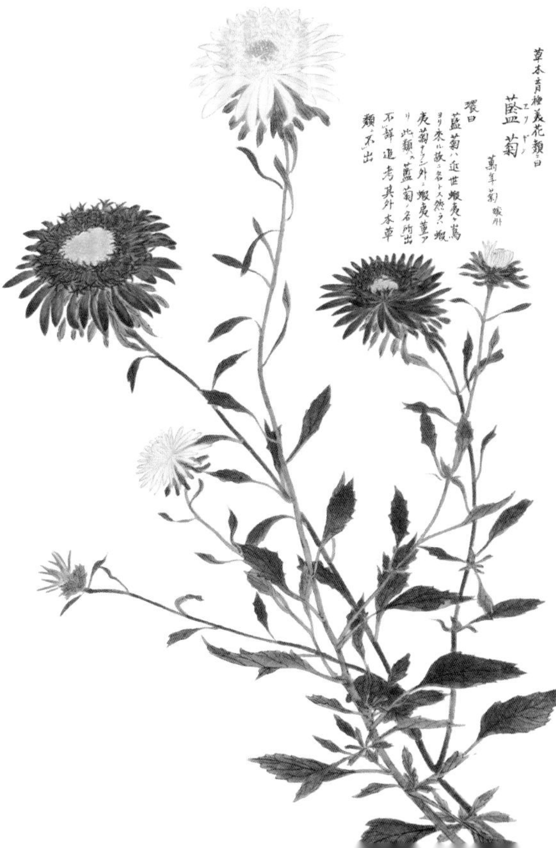

〔上段・右起〕
金錢花・金盞花
冬櫻・寒櫻
水仙花
樓子葱
蠟梅

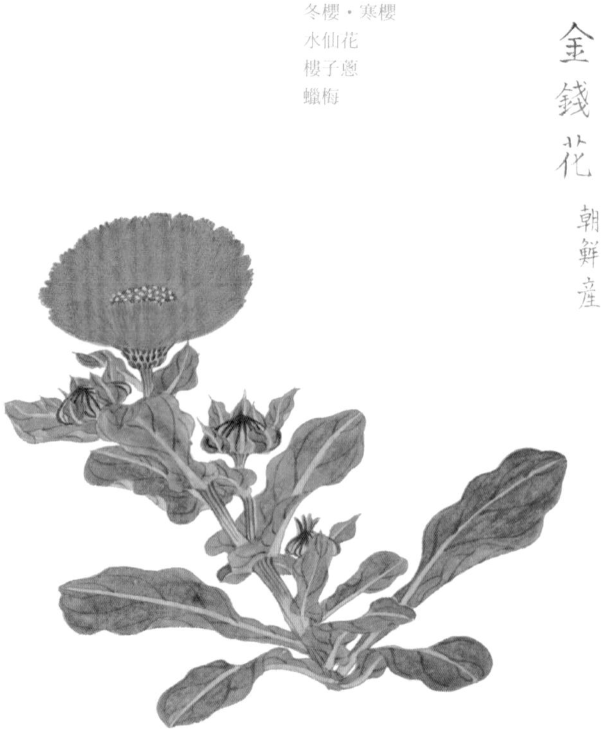

〔上段・右起〕
三河寒菊
茶花・茶樹的花
冬海石榴・山茶花
覆盆子*
＊ 此圖中物種非現代料理中常用之覆盆子(*Rubus idaeus*)，為同屬的其他物種。
冬梅 寒梅・梅
真寒菊

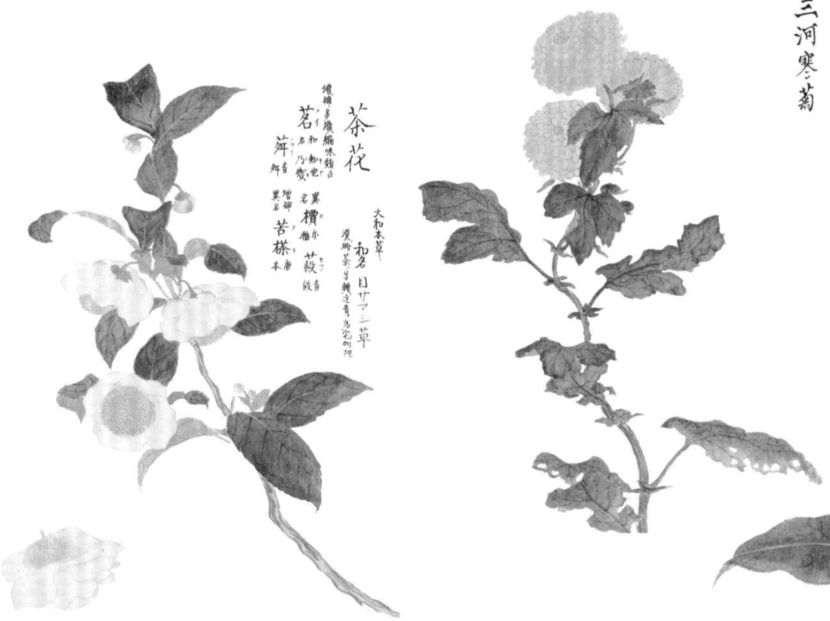

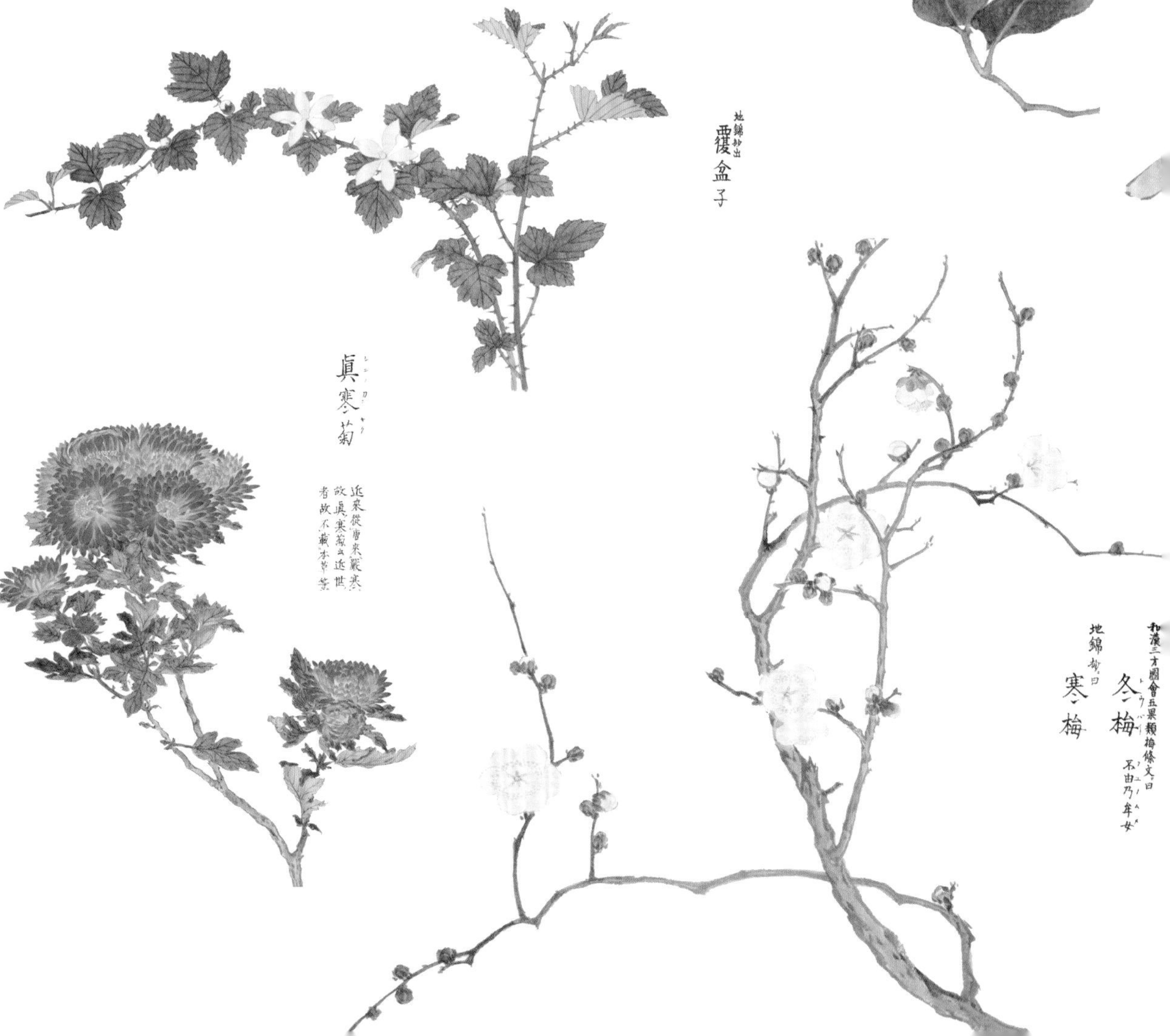

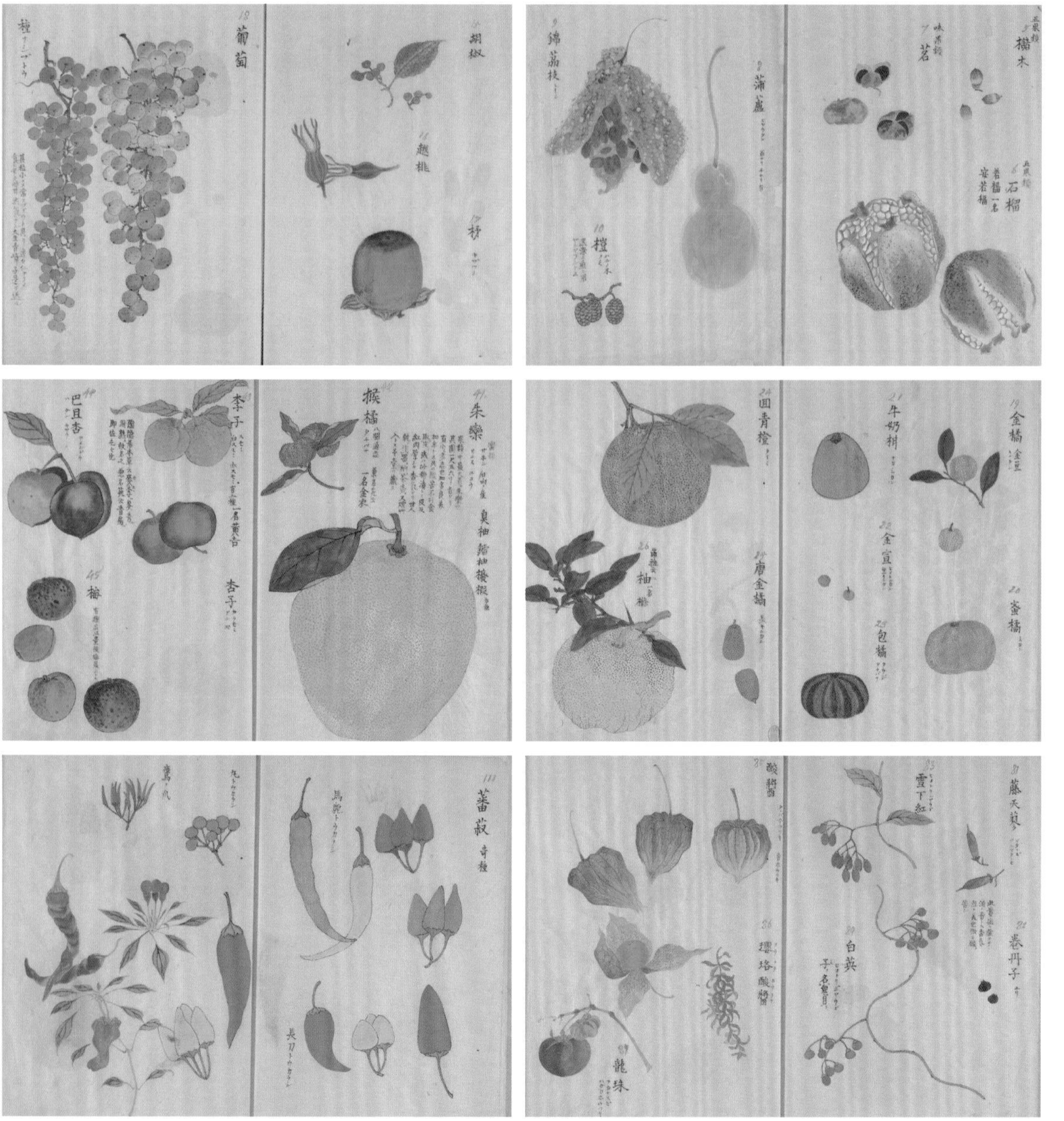

〔上段・右起〕櫧木・櫟樹／石榴／茗・茶樹／浦蘆・扁蒲／櫂・赤楊／錦荔枝・苦瓜／胡椒／越桃・山黃梔／杍・（掛在樹上成熟變甜的）柿子／葡萄／金橘・圓實金柑／蜜橘・溫州蜜柑／牛奶柑／金宜・金柑／包橘・橘柑／回青橙／唐金橘／柚・香橙／朱欒（文旦）／候橘・橘柑／李子・中國李／巴旦杏・扁桃／梅／藤天蓼・葛棗／卷丹子・百合的鱗莖／雪下紅／酸漿・丹波酸漿／瓔珞酸漿／龍珠／番椒・辣椒

『草木實譜』

毛利梅園・著　手稿本　一冊

收錄了一五五幅以蔬菜水果為首的植物果實彩圖，卷末另有約三十種海藻。圖中均標示漢字和日式名稱，部分附有外觀和味道等說明。貼付在原封面的序文，出於從幕末過渡到明治時代的植物學者伊藤圭介，題簽為《寫真齋實譜》。

石榴

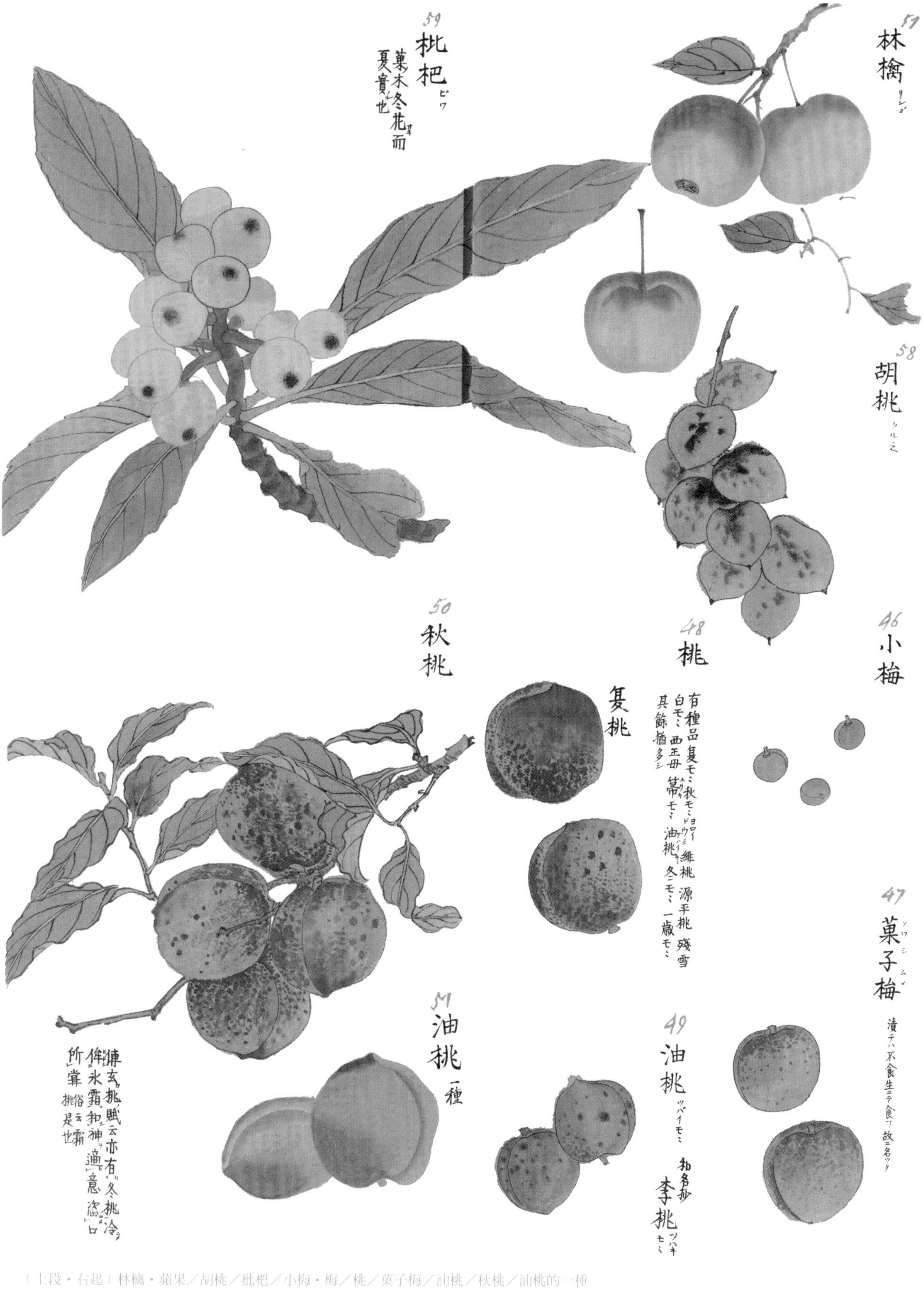

〔上段・右起〕林檎・蘋果／胡桃／枇杷／小梅・梅／桃／菓子梅／油桃／秋桃／油桃的一種

「烏頭」

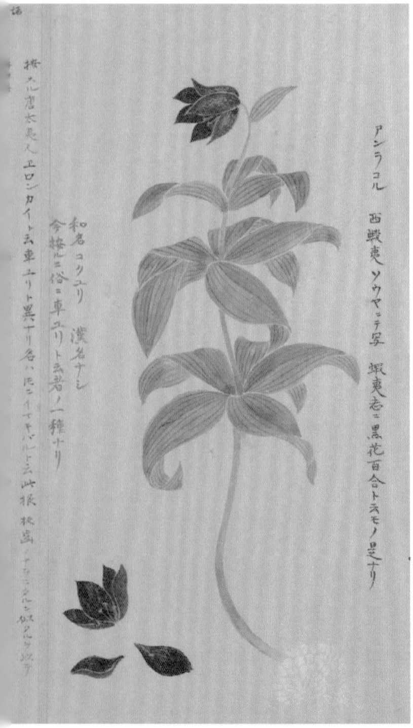

『蝦夷草木圖』

小林源之助・原畫　寫本

◎寛政四年（一七九二）成

收錄了幕臣小林源之助於寬政四年探索包括樺太地區（現庫頁島）的蝦夷地（現北海道）寫生圖五十八幅。本資料是由幕府醫生栗本丹洲抄錄小林源之助原作品的寫本。黑字為小林的記載，紅字為丹洲的註解，文章是後來的幕醫坂丹邱所寫。這是日本第一本跟蝦夷植物有關的圖譜。

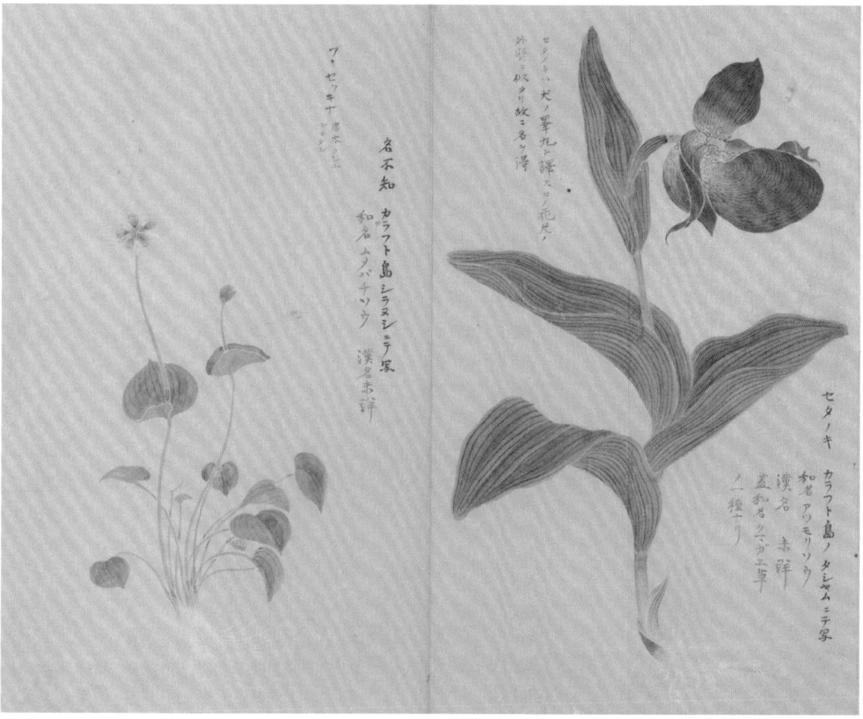

「敦盛草・喜普鞋蘭」「名不知→梅鉢草・梅花草」

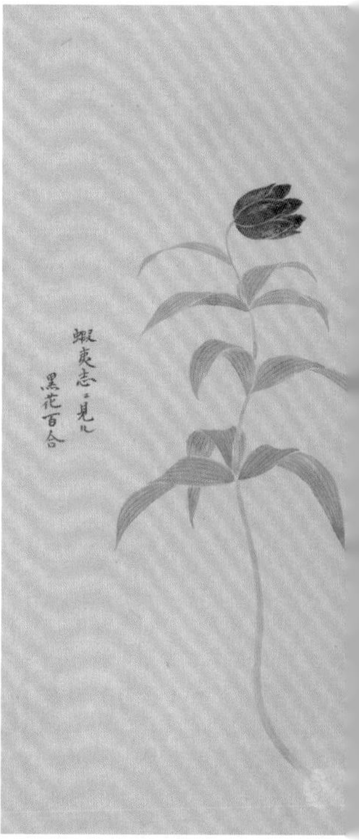

「黒花百合・堪察加貝母」

（上段・右起）
琉球方言 念佛草
琉球方言 八重桔梗
琉球方言 大古宇登

『琉球產物志』

田村藍水・著　親筆本

◎明和七年（一七七〇）

江戸時代琉球（現沖繩）和薩南諸島的物產，經由薩摩藩流入本州（本島），過了中期之後物產資訊也開始以圖譜的形式流傳開來，而收錄琉球約七二〇種植物的此書正是其一。田村藍水是江戸時代中期的本草學者，師事阿部將翁，走訪諸國採集藥草與栽培。為達成幕府將朝鮮人參國產化的指示，致力栽培種子並成功移植到各地。

〔上段・右起〕
大島方言 濃鬱金
琉球方言 護蘭
琉球方言 西表蘭
琉球方言 岩萱草
琉球方言 萬歳菊
琉球方言 寒菊

〔下段・右起〕
大島方言 赤熊草
硫磺島方言 縮砂草

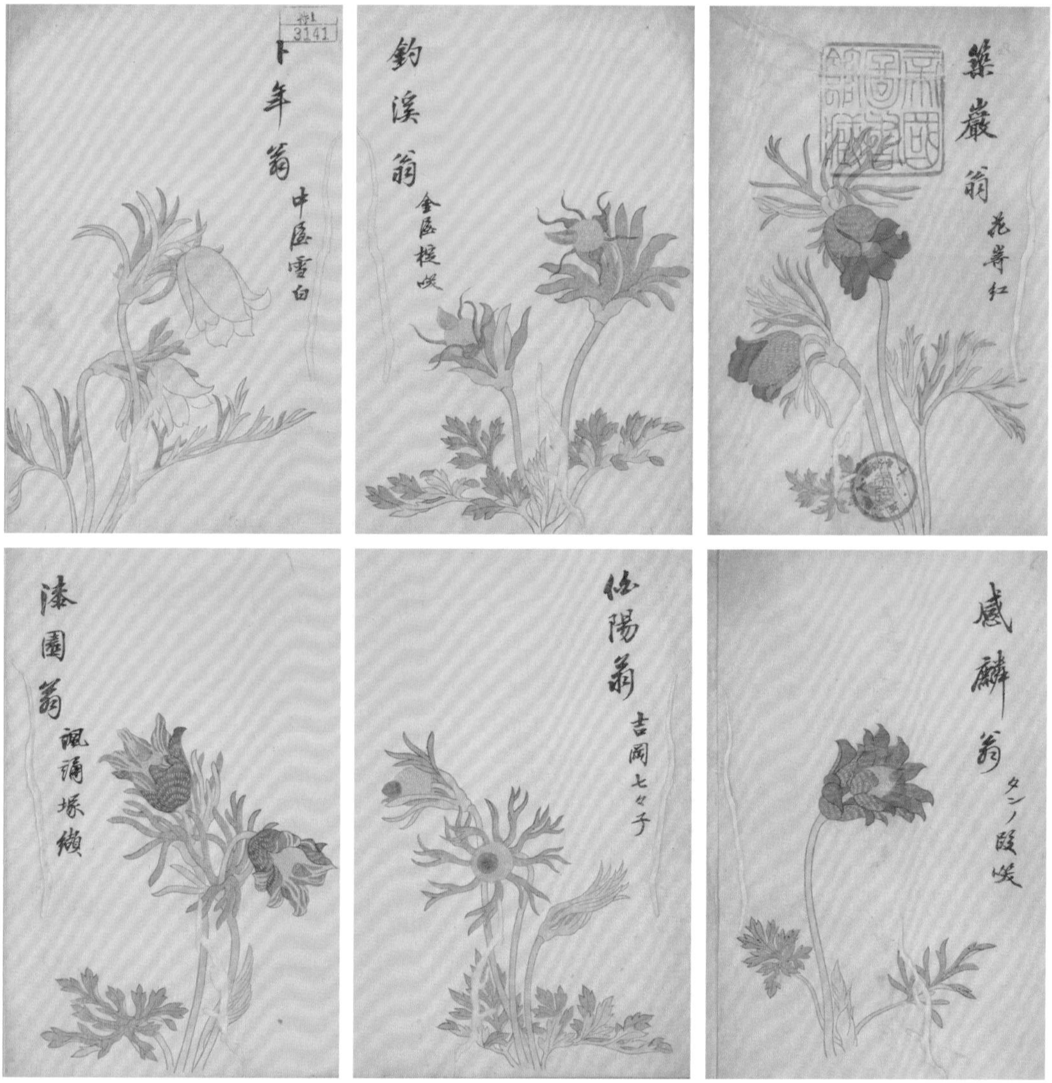

〔上段・右起〕
築巖翁／釣溪翁／卜年翁／感麟翁／仙陽翁／漆園翁／笠乾翁／臥龍翁

『八翁草』 不老亭・編

◎嘉永二年（一八四九）刊

和名「翁草」的朝鮮白頭翁，因花色和花瓣的變化受到歡迎，萬種風情的花姿是鑑賞的對象。本書收錄了八種彩色印刷的圖畫，包括「築巖翁」、「釣溪翁」、「卜年翁」和「感麟翁」等品種，並在名稱的右下方記載花的特徵等。「翁草」的日語名稱，是因為羽狀白毛密生的花柱看起來像老人的白髮而來。

〔上段・右起〕
大黑天
惠美須
壽老人
辨財天
布袋
毘沙門天
福祿壽
※上述正好是日本七福神的個別名稱

『七福神草』

群芳園彌三郎與其他・畫　寫本

◎嘉永元年（一八四八）

別名福壽草的側金盞花，由於名字象徵幸福與長壽，從江戶時代初期開始便成為正月裡裝飾壁龕（凹間）的植物，有合種也有做成盆栽的。好像從本書出版的嘉永元年開始出現許多變異種，到了幕末的《本草要正》（一八六二）裡，記錄高達一三一個品種。群芳園彌三郎、栽花園長太郎以及帆分亭六三郎等三位本書合著者，均是知名的江戶花匠。

〔上段・右起到次頁〕伊勢不斷櫻／吉野奧山櫻／早櫻／白川小峰櫻／多武峯櫻／丁子櫻／車久／奈良／三井寺／芍藥櫻／右為櫻／時雨亭櫻／山紅／鳳來寺／岩石／藥園王／普賢堂／都櫻

『浴恩春秋兩園　櫻花譜』

松平定信・編　谷文晁・原畫

◎文政五年（一八二二）

明治十七年（一八八四）狩野良信・摹寫

江戶後期的大名松平定信（一七五八～一八二九）曾命令南宗畫家谷文晁（一七六三～一八四〇）描繪其在築地靈嚴島（現東京都中央區築地市場附近）的別墅所種植的一二四種櫻花圖譜，此為該圖譜的臨摹本。

「絹櫻」

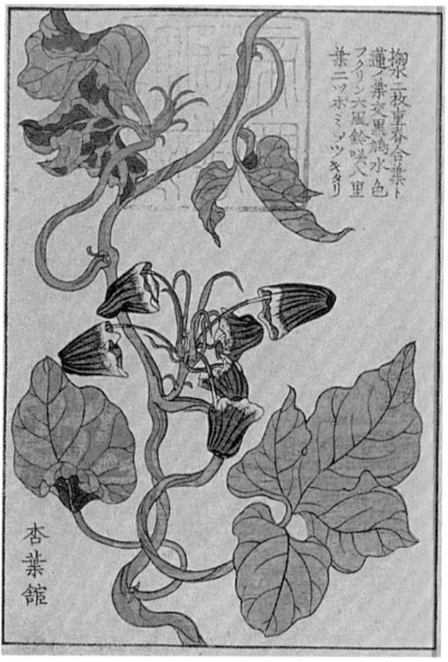

『朝顏三十六花撰』

萬花園主人・撰　服部雪齋・畫

◎嘉永七年（一八五四）跋

名為「朝顏」的牽牛花，在文化文政（一八〇四～一八三〇）以及嘉永安政年間（一八四八～一八六〇）大為流行，以珍奇的花瓣著稱。本資料是嘉永年間再次流行時的作品，描繪了當年為流行主角、花葉形態奇特的「朝顏」，不但有花的外形讓人難以聯想是同類植物者，也有開黃色花的品種。作者「萬花園」是幕臣橫山正名的號，圖為服部雪齋所畫，收錄了三十六幅畫，被譽為是最傑出的牽牛花圖譜。

「松溪堂」

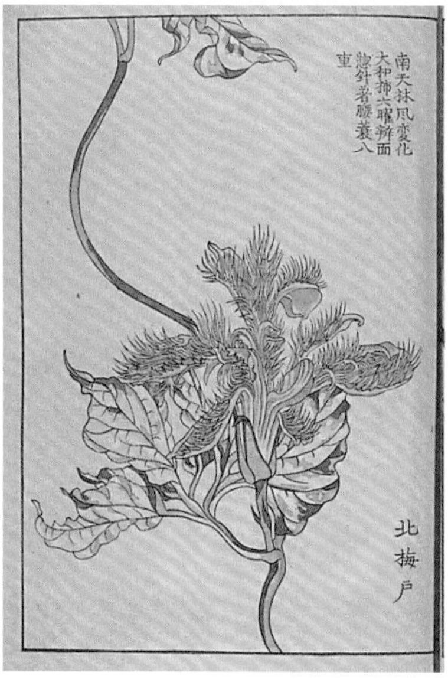

（下段・上一頁右起）杏葉館／醜花園／松溪堂／葉柳園／野牛園／北梅戶

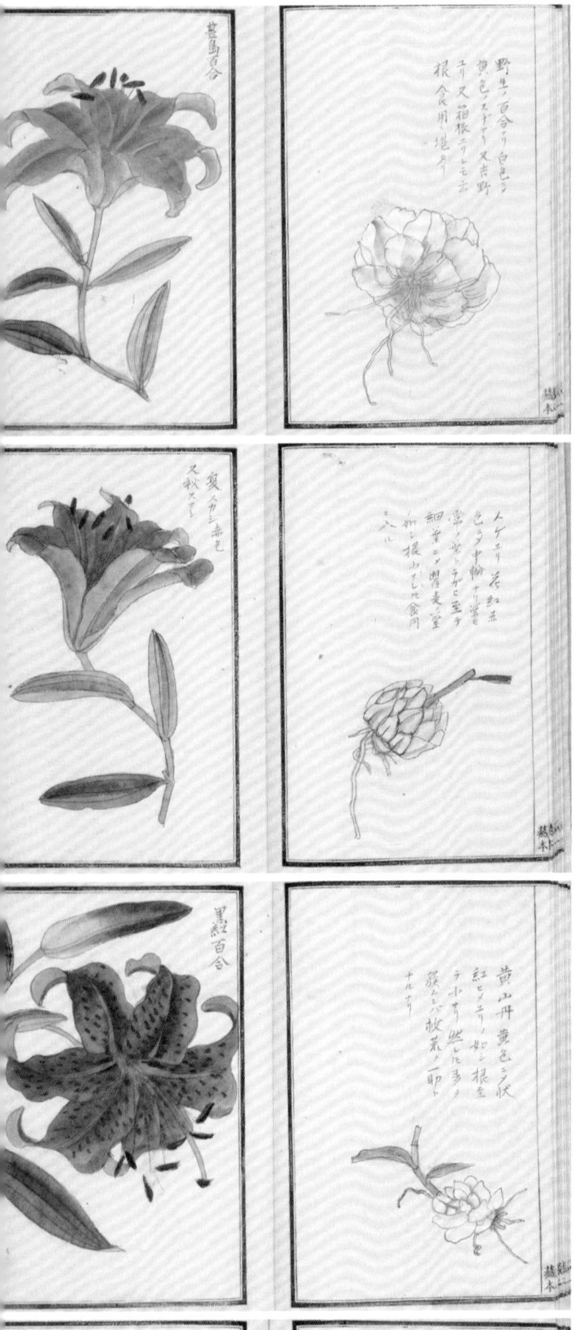

（上段・右起到次頁）
野生百合／豐島百合／卷丹（鬼百合）／白黃百合／百合／卷丹（鬼百合）／菅百合／夏透／花色紫赤／筋百合／京百合／唐百合／黃山丹／黑紅百合／會津山中產／京百合／山百合／黑百合／黑百合／為朝百合／琉球百合／鹿兒百合／鹿子百合／笠百合

「スゲユリ」

『百合譜』

坂本浩然・著　親筆

畫有三十種百合，除了花名，也標有鱗莖圖示與註解。作者坂本浩然雖然是紀伊藩的藩醫，卻以畫家身分出名，親筆著作有《菌譜》、《菌譜二集》、《躑躅譜》、《牡丹花譜》、《竹譜真寫》、《琉球草花圖說》和《琉球草本寫生》等。

巻丹
百合
白黄百合
唐百合
筋ユリ
黒百合
京ユリ
會津山中之産
笠百合
鹿児百合

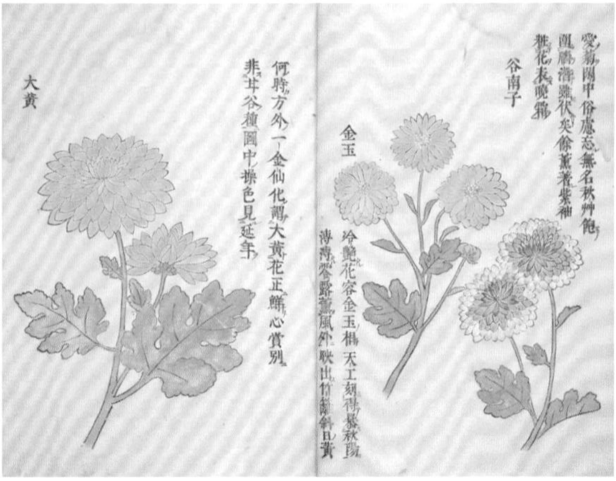

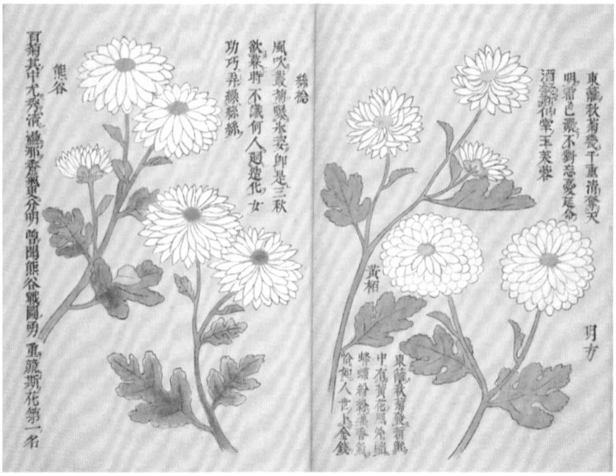

〔上段・右起〕明方／黃栢／絲捻／熊谷／谷南子／金玉／大黃／照紅／小捻／小濡鷺／紅菊

『畫菊』

潤甫・原畫

◎元祿四年（一六九一）

在日本的菊花圖譜裡堪稱先驅之作。根據序與跋的記述，此為永正十六年（一五一九）年所繪的百幅圖與花名之上，於元祿四年新增七言絕句後發刊的。作者潤甫周玉（一五〇四～一五四九）是戰國時代臨濟宗的僧侶，之後成為建仁寺第二八二任住持。該資料全是手工上彩。

『小萬年青名寄』

水野忠曉・編　關根雲停・畫

◎天保三年（一八三二）

萬年青在元祿時期的一六九〇年代左右就已出現園藝品種的記錄，因爆發流行而身價大漲，甚至因為行情過熱而導致幕府在嘉永五年（一八五二）一度下令禁止買賣。文政年間（一八一八～一八二九）流行的是有小萬年青之稱的小型品種，尤以葉型和斑紋起變化者更受歡迎。該資料題簽裡的「名寄」是一覽表的意思，正是天保三年（一八三二）江戶藏前的八幡神社（現東京大江戶線藏前站附近的藏前神社）舉辦小萬年青展覽會時印刷之刊物，各帖均附有十五種圖像。精美的花盆也是看頭之一，在當時屬重要的鑑賞標的。

『百鳥圖』

增山雪齋・畫　親筆　十二軸

◎江戶時代後期（約一八〇〇年左右）

由十二幅卷軸構成的該圖譜，扣除重複和草圖的部分，根據現代分類共收錄了一二〇種鳥類。雪齋是具一流畫家實力的伊勢長島藩第五代藩主增山正賢的號，既是沈南蘋派的花鳥畫家，也是本草畫家。其文藝方面的造詣亦擴及於圍棋和煎茶道等，享文人大名之譽，備受尊敬。

「山雀・雜色山雀」

〔上段・上一頁右起〕
駒鳥・日本歌鴝
深山頰白鳥・黃喉
茅潛・紅岩鷚
鶲 雄・黃尾鴝
黃鶺鴒・灰鶺鴒
瑠璃鳥・白腹琉璃
目白鳥・綠繡眼
巧婦鳥・鷦鷯

「紅鶸 雄・普通朱頂雀」
「紅鶸 雌」

文化戊寅四月寫生
鷸
此鳥鷸屬也土俗呼為千鳥者非也
城東海濱漁者張網而獲焉謂之千鳥
打矣一打或三四十隻矣或不過五六隻
矣其獲隨時而多少焉千鳥之名非呼
一種鳥而稱之也海濱遥望以群集之
鳥而稱之耳猶春林
衆鳥稱百千鳥秋郊
十二月十日寫生
軽鳧
雄
五月廿三日寫生
鵞雛
六月廿三日寫生
此鴿鳩中最小者近世
唐山人持渡者是也名
長嘯鳩以其鳴如長嘯
也
雄
雌

（上段・右起）
鷸・大濱鷸
千鳥類・蒙古
鵞雛鳥・花嘴鴨
輕鳧 雄・花嘴鴨
長嘯鳩・斑姫地鳩

（次頁　上段・右起）
島味鳧・白眉鴨
輕鳧 雌・花嘴鴨
青鳩 俗名尺八鳩 雄雌・綠鳩

案今考古今千鳥之名約有三焉國歌所詠者一也俗画者流所寫者二也土俗所呼稱者三也其國歌所詠者秋冬之際呼群集之鳥而詠焉名實適當也其他二者未知其據和刻玉篇鵆字訓千鳥註曰荒鳥益鵆比行群行之鳥不必指斥爲何等鳥然千鳥之訓亦似不妄保以參攷

シマアシカモ
島味鳧
四月十八日寫生

カルカモ
軽鳧
正字未詳
十月十八日寫生

十一月十九日寫生
青鳩俗名尺八鳩

「翡翠・翠鳥」

〈百鸜鵒之圖〉（八哥鳥百態）

本草綱目石燕集解石燕在乳穴石洞中者
冬月采之堪食餘月止可治病時珍曰此非石部
之石燕也云
本邦亦有一種之燕在日光山其他深山穴石洞
中蓋此燕於醫學館之藥品會集了之
所見物乞多喜安了寫之

二月廿三日寫生
火雞縮畜
長五尺自首至足
横三尺自胷至尾
或曰此鳥火雞之
雄然雌乎未詳也

ニウゲンバウ
ワカトリ也

〔下段・右起〕
長元坊 幼鳥・紅隼
石燕・白喉針尾雨燕
火雞・雙垂鶴鴕(南方食火雞)

（上段・右起到次頁）
山鵲・紅嘴藍鵲
鹿子鳩・珠頸斑鳩
紅羅雲雌・紅耳鵯
白頭翁
青雞・紫水雞

（中段・右起到次頁）
青燕・佛法僧
黄梅鳥・雪
南京鶉・棕三趾鶉
雷鳥・岩雷鳥

（下段・右起到次頁）
白山雷鳥
立山雷鳥

「南京鳩・粉頭斑鳩」

『奇鳥生寫圖』

河野通明與其他・畫　寫本　一軸

◎文化四年（一八〇七）

從圖譜裡「濱町御藏本拝借寫之」的字句，被認為是由河野通明等繪師臨摹濱町狩野家收藏的畫本之作。雖然河野通明的經歷不詳，但一般認為是狩野派畫家。該圖譜收錄包括十二種非日本產的飛禽，加起來共有四十九種鳥類，圖畫極為精巧細緻，堪稱江戶時代鳥類寫生圖裡的頂級作品。

セイケイ
ハクトウヲウ
ヒイチイ
シャムロバト

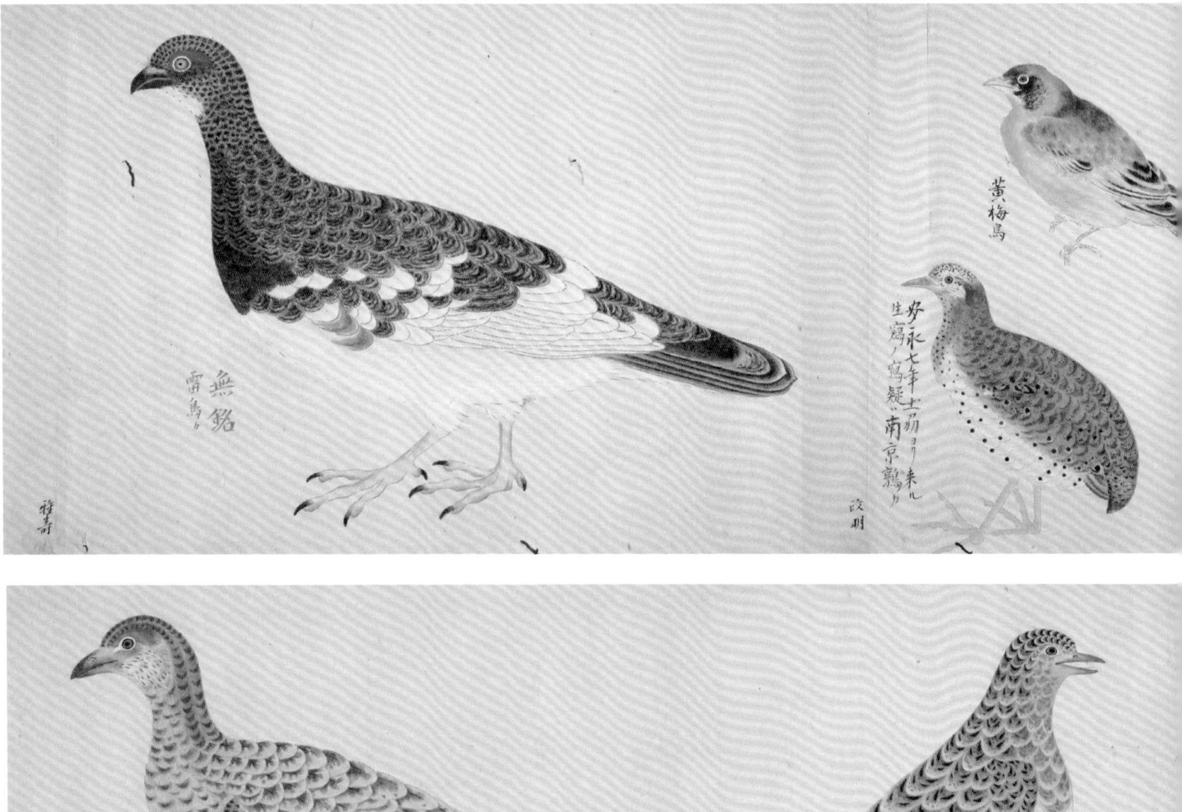
無銘
雷鳥ガ
黄梅鳥
安永七年十一月ヨリ来ル
生寫ノ寫疑ハ南京鶉カ

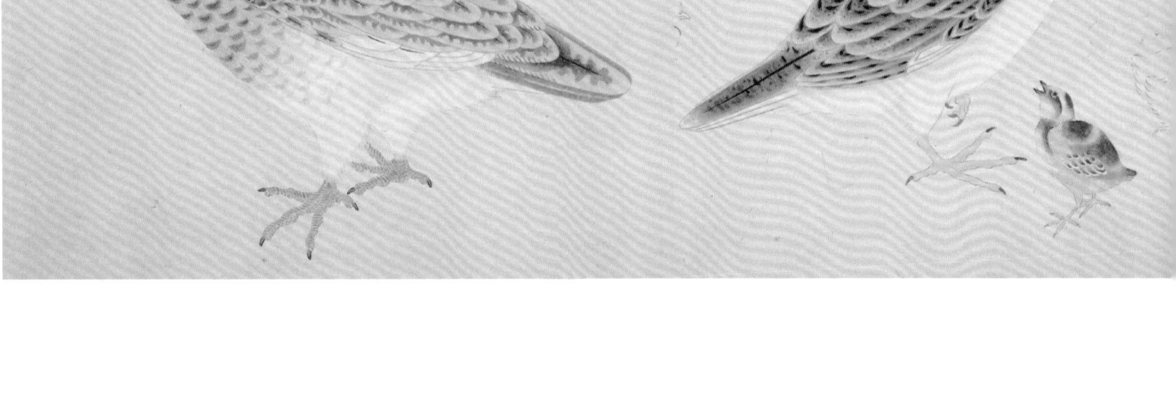

安永九年庚子八月三日
松平壹岐守様より来ル
名不知

ダイナンカモメ

ナベガン

信天翁 沖大夫
常川老筆

〔上段・右起〕
名不知→鶴秧雞・董雞
眞雁・白額雁
信天翁 沖大夫・短尾信天翁

〔次頁 上段・右起〕
大灘鷗・短尾信天翁
胴長秋沙 雌・川秋沙
川秋沙
海秋沙・紅胸秋沙
頰白鴨・鵲鴨
大波武・黑喉潛鳥
冠鸊鷉・冠鸊鷉 冬羽

カハアイサ
ドウナガアイサ
海ア井サ
ホウシロカモ
アトアシ
大ハム
通明

澳津ハジロ
ビシナガハジロ
ヲトツドリ
鬢長羽白九ス、カモ似背脚トモ
灰色目黄環白頭ヨリ胸背尾皆黑
色帯青翅ノ内ニ白緑ノ羽交リ頭
黒長毛ヲ垂レ腹白シ
レモフリハジロトモアリ
海梟

（上段・右起到次頁）
澳津羽白・鳳頭潛鴨（不正確）
海梟・冠鷿鷈
烏味梟・白眉鴨（不正確）

五色インコ
時樂鳥
酉陽雜俎

「五色鸚哥 時樂鳥・虹彩鸚鵡」

『水谷禽譜』

水谷豐文・編　寫本

◎文化七年（一八一〇）左右

水谷豐文（一七七九～一八三三）是江戶時代後期的本草學者，身為尾張（藩國名，現愛知縣西部）本草學的指導者，十分重視博物學層面的觀察。年輕時在名古屋學醫，後轉往京都成為小野蘭山塾的門生，不僅跟從蘭山鑽研本草學，也受到名古屋第一位蘭學醫者野村立榮的啓蒙。該圖譜為《水谷禽譜》的寫本，共畫有五一四幅鳥類，並附解說，但畫工巧拙有別，可能由一人以上的畫家所繪。色彩鮮豔，可惜鳥的形態過於刻板而未能描繪出個別特徵。

レイアデカモ
真鳧ニ比ハ小目黄赤觜長及足高シ
淡紫黒色頂緑色理ナカシアリ額觜
限ヨリ目下頸前通赤褐色ニ小白点
文眉ヨリ項筋白項緑色並胸赤褐ニ
帯黄黒斑ヲ背及尾又赤褐黄羽中
黒シ腹白翅下黒斑アリ翎羽長中
白緑灰黒メ垂レ尾ニ至ル雌ハ相似
テ頭文青白ナク翎ノ垂レ羽ナク全身
雄ニ類ス

ダルマインコ
圖ヨリ上下一寸
四五分大ナリ

「大花鸚哥 雌・折衷鸚鵡」

「達磨鸚哥・緋胸鸚鵡」

チヤウケンボウ
長ケン坊
大サ児鶏ニ似目黄嘴
上赤黒斑背小ニメ黒足
黄頭及背ヨリ両ヲ、ヒ
青色高羽長ク尾短尺
淡黒胸腹黄褐淡褐斑
鷹ノ若毛ノ如喉白官
庫写画

イソツグミ
雌
イソツグミ
イソコッケイ
海邉ニアリ
青黒色
雌
雄

下段・右起）磯鶫 雌・藍磯鶫／磯鶫 雌雄・藍磯鶫

一種長ケン坊　官庫ノ寫未詳

〔上段・右起到次頁〕長元坊・紅隼／長元坊・紅隼／長元坊的一種・紅隼

テウセンツグミ　筑前
八色鳥　薩州
朝鮮ツグミ
八色ツグミ
状九ツグミニ似テ尾黒短シ
テ無狗ノ如シ目淡黄背淡黒
足淡黄ニメ長頂赤褐色背根
ヨリ目ヲ貫キ項ニ廻リ黒環
アリ春緑色翮叉雨掩碧緑
ニメ黒白小毛ヲ交ユ翅黒メ半ニ白文アリ喉下白胸ヨリ包脛マデ淡黄其
中ニ一条ノ紅毛腹ヨリ尾筒ニ引ク薩州山川渡来又筑前嶋岐ニ
モ来ル或云深山ヨリ出氏木曽ニモ栖ムト云リ

〔下段・右起〕八色鳥／朝鮮鶫 八色鶫・八色鳥

〔上段・右起〕
黑鶇 雄・烏灰鶇
黑鶇・烏灰鶇
猿子 雄・長尾雀
猿子・長尾雀
花雞的一種・花雀
花雞 幼鳥・花雀

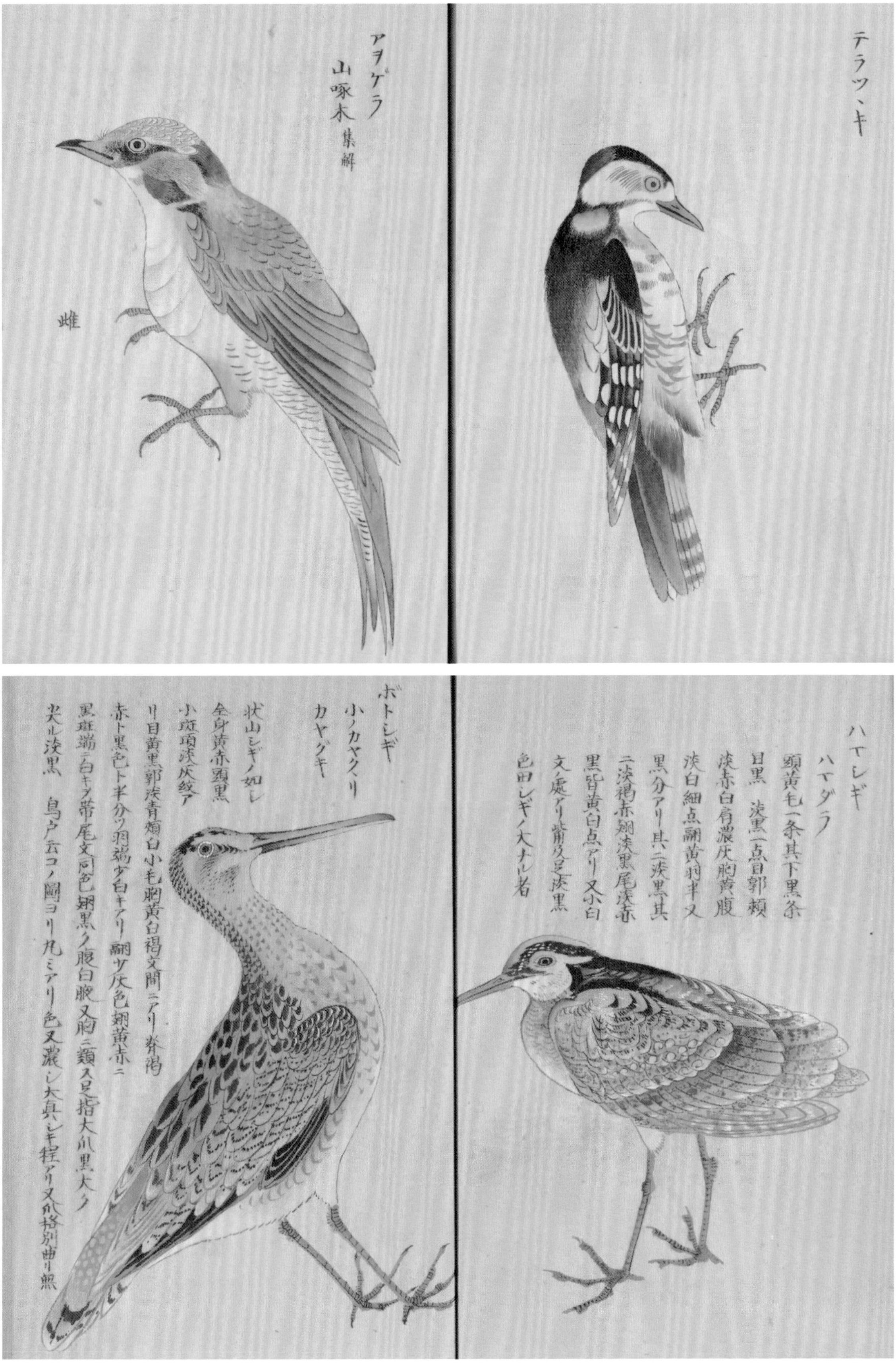

〔上段・右起〕
寺啄・大赤啄木／綠啄木鳥 山啄木 雌・日本綠啄木
濱鷸・彩鷸／山鷸

カチカラス
鵲
チウヒ

ミサゴ

〔上段・右起〕
澤鵟・東方澤鵟
鵲・喜鵲
鶚・魚鷹
朝鮮鶇 八色鳥・八色鳥

朝鮮 ツグミ 筑前
八色鳥 薩州
八色ツグミ

『豐文禽譜』

水谷豐文・畫 親筆

◎文化七年（一八一〇）左右

跟《水谷禽譜》為同一作者，但本圖譜為水谷豐文的親筆畫作。雖然僅收錄三十三幅圖畫，卻比前作更加精美。

ヲナガドリ

シマガケス

ヲホムク

トヽ鳥

三光鳥
山鵲
俗ニヤマブシトム

ヲヽモス

〔上段・右起〕
尾長鳥 三光鳥・紫綬帶
灰椋鳥
島烏・星鴉
筒鳥・北方中杜鵑
大百舌・灰伯勞
三光鳥 山鵲・紫綬帶

（上段・右起）
鳧類兩隻 尖尾 尾長鴨・尖尾鴨
鳧的一種 葭鴨・羅文鴨

「番鴨・疣鼻棲鴨」

『鳥類寫生圖』

牧野貞幹・畫 親筆

牧野貞幹（一七八七～一八二八）是常陸的笠間（現茨城縣笠間市）藩主，不但擴充藩屬學校「時習館」，並創設醫學館「博采館」、栽種藥草的「藥園」以及習武的「講武館」。牧野同時也是個本草愛好家兼本草畫家，著有《寫生遺編》、《草花寫生》和《花木寫生圖》等。該圖譜是由三十八張畫構成，精確描繪了四十種鳥類。

〔上段・右起〕
鳧類四隻 星羽白・紅頭潛鴨
星羽白 雌・紅頭潛鴨
黃黑秋沙・鳳頭潛鴨
金黑秋沙 雌・鳳頭潛鴨
赤頭 緋鳥・赤頸鴨
巴鴨雄
赤頭 雌・赤頸鴨
巴鴨 雌

「鸂鶒 紫鴛鴦 雄雌・鴛鴦」

〔上段・右起〕
篦鷺・白琵鷺
斑鳩的一種 雉鳩・金背鳩
鸐雉 山鳥 雄・銅長尾雉

〔次頁　上段・右起〕
鶻 隼・遊隼
鴞 梟・長尾林鴞
白鷴 鹿子鳥 雄・白鷴

鴞
鶻
倭名ハヤブサ

〔上段・右起〕八丈鶫・斑點鶫／雀・麻雀／伯勞 雄 雌・紅頭伯勞／啄木鳥 雄・大斑啄木／啄木鳥 雌・大斑啄木／竹林鳥 雄雌・白腹琉璃／琉璃鶲 雄雌・藍尾鴝／桑鳲／ 雄雌・臘嘴雀／鶲 雄雌・黃尾鴝／白頭公・棕耳鵯

『寫生遺編 鳥之類』

牧野貞幹・畫

◎天保元年（一八三〇）左右

該圖譜綜合了牧野貞幹的草木、菌、蟲和鳥類寫生圖，原本與《鳥類寫生圖》共同收藏在笠間文庫，後於明治五年移到日本文部省書籍館、明治八年又由該機構圖書館接收保存。在〈鳥之類〉裡收錄了五十九種精準描繪的鳥類圖。

「樫鳥・松鴉」

〔上段・右起〕
白鴛鴦 雄雌 白化種・鴛鴦
田鷸
胸黑 冬羽・太平洋金斑
真鴫・田鷸

『水禽譜』

編者不詳　寫本　一軸

◎文政十三年（一八三〇）左右

雖然編者不明，但編著時期被認為是在江戶時代末期。該圖譜裡有兩幅繪有冠麻鴨，標示「朝鮮鴛鴦」者是進口到日本的，標示「替鴨」者是飛到北海道的，兩幅均有「堀田攝津守殿藏圖文政七年八月到來」的記載，從而判斷該圖譜可能是某個與堀田正敦熟識的大名在文政十三年左右編纂的。其圖精美秀逸，準確描繪了七十六種水鳥。

〔上段・右起〕朝鮮鴛鴦 雌雄・冠麻鴨／黒鴨・黒海番鴨／河秋沙・川秋沙
〔下段・右起〕真鴨 雄・綠頭鴨／胴長秋沙 雌・紅胸秋沙／飛雁・瀆鳧／熊坂秋沙・羅文鴨

〔上段右四圖・右起〕京女鷸・翻石鷸／嘴長鷸・長嘴半蹼鷸／大杓鷸／山鷸
〔上段左五圖・右起〕山家五位・大麻鷺／赤足鷸（不確定）／青足鷸／山家五位・大麻鷺／山家五位・大麻鷺
〔下段・右起〕鶴秧雞・董雞／狐秋沙 雌・白秋沙／鷹斑鷸？／山鷸／尾羽鷸・大濱鷸／濱鷸 濱斑鷸・彩鷸／京女鷸・翻石鷸

『不忍禽譜』

屋代弘賢・編　寫本　一帖

◎天保四年（一八三三）左右

該圖譜因為「不忍文庫」的落款而被認為是由同一文庫主人，即幕臣屋代弘賢所編，收錄了約四十幅畫。屋代弘賢是江戶時代後期的國學者，在國學和儒學方面分別師事塙保己一和山本北山，參與柴野栗山《國鑑》和塙保己一《群書類從》的編纂。此人是個藏書家，在上野不忍池畔設藏書閣「不忍文庫」，據說藏書達五萬冊。通曉典故的屋代同時也是個本草愛好家。

〔上段・右起〕
海鷗・短尾信天翁
善知鳥圖（撰文：伊勢平藏貞丈）・角嘴海雀
善知鳥・角嘴海雀

〔次頁　上段・右起〕
鳳鸛 鶴頂・厚嘴巨嘴鳥
水駱駝・栗小鷺
蓑五位・綠蓑鷺?

鶴頂草乗考
本草所譜鸛鶴也文記笄興
羅山雖等譌之越王鳥橋惧母
鵠鵁及東西洋考譯之鶴頂鳥
又鳥獸偉考云南菁大海中有鴈
為帯號日鴀陵紅一名曰鶴頂紅以
彫作珠淸人謂之鵠古不嫌鳥頂
不嫌鳥頂誤認為魚魁可
発一笑

〔上段・右起〕
鶴・丹頂鶴
陽烏 黑鶴・白頭鶴
紅鶴 朱鷺・朱鷺（不正確）

『梅園禽譜』

毛利梅園・畫　親筆本　一帖

◎天保十年（一八三九）

毛利梅園（一七九八～一八五一）是江戶時代後期的博物學家，名元壽，號攢華園、寫生齋等。在幕府擔任書院番（類似親衛隊），除了《梅園草木花譜》和《梅園介譜》，也留下精確的鳥、魚和菌類等寫生圖譜。該圖譜正確描繪了一三一種水鳥和陸鳥，並記載了寫生的年月日。

〔上段・右起〕
啄木鳥 寺啄・大斑啄木
戳罕 水胡蘆・麻鷺
鷹 黃鷹 撫鷹・蒼鷹
啄木鳥 幼鳥・大斑啄木

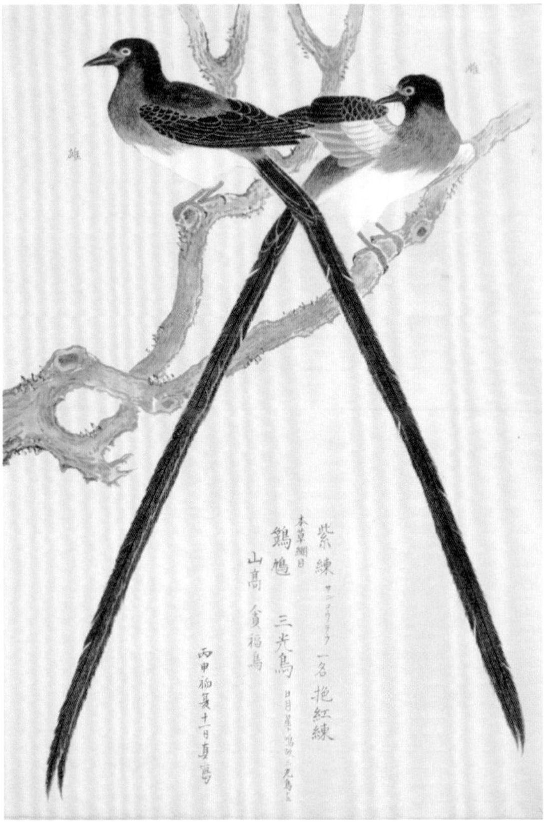

〔上段・右起〕方目 小鷭 梅首雞・紅冠水雞／紫練 雌・紫綬帶（不正確）／鷸・磯鷸（不正確）

「野雉 高麗雉・環頸雉」

「佛法僧鳥・佛法僧」

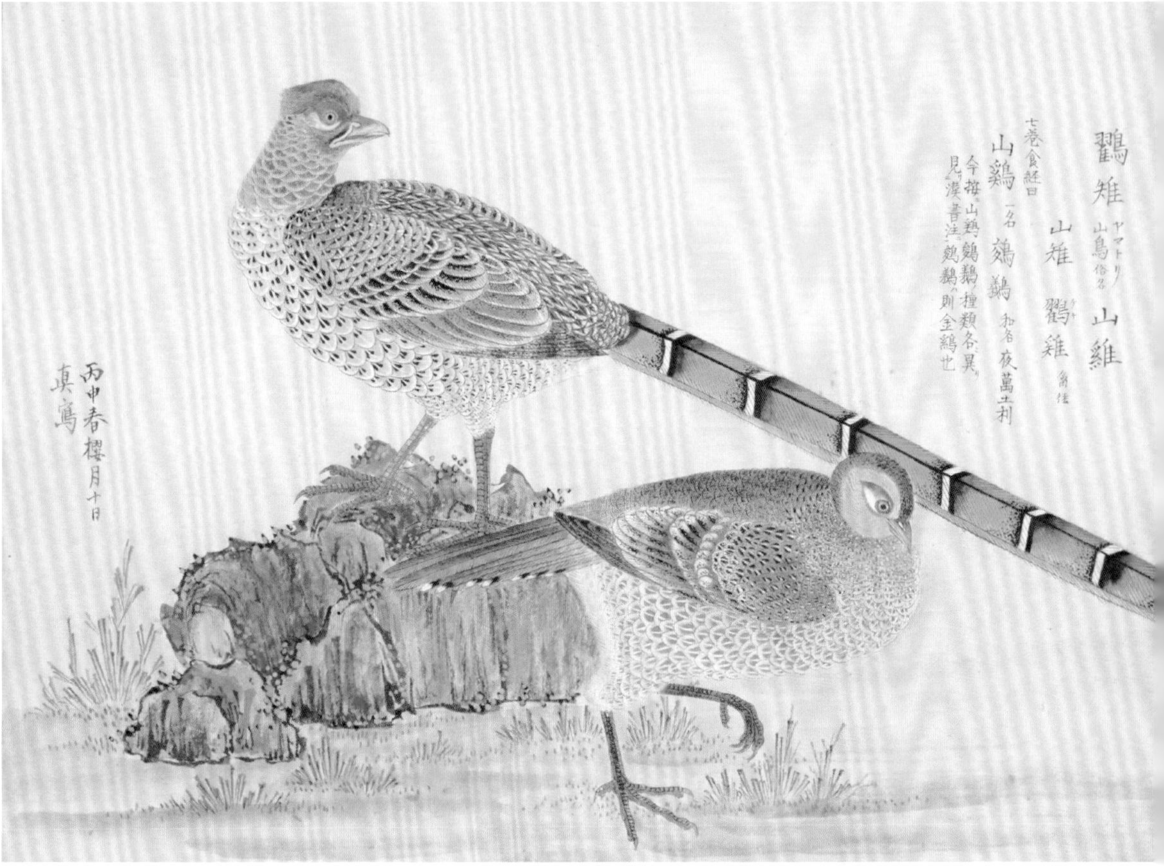

「鸐雉 山雞・銅長尾雉」

鷽
相思仔

喉紅鳥
紅点頡

郭公鳥
鳲鳩 布穀
布穀鳥

翡翠
水乞鳥

（上段・右起）
喉紅鳥・野鴝
鷽 相思仔・歐亞鷽
翡翠 山翡翠・赤翡翠
郭公鳥 鳲鳩・大杜鵑
連雀 十二黃 十二紅・黃連雀、朱連雀
乙未八月六日真寫 鳥類 Manakudototto・未知（※乙未即天保六年的一八三五年）？
蟻喰・地啄木

乙未八月六日
真寫
マナクドウトツト

蟻
喰

十二紅
連雀
十二黄

〔上段・右起〕
檀特鳥・白腰文鳥
鶲 雌・藍尾鴝
白頰鳥 四十雀・白頰山雀
鵲嘲 鷓鳩 八頭鳥・藍鳳冠鳩(藍冠鴿)
砂糖鳥・藍頂短尾鸚鵡
文鳥・爪哇雀
緋音呼・喋喋吸蜜鸚鵡

〔上段・右起〕
雞 地雞 雄・土雞
竹雞 雄・灰胸竹雞
角目鳥・角海鸚

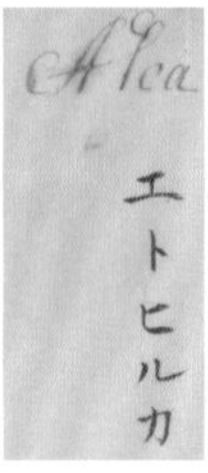

『錦窠禽譜』

伊藤圭介・編　寫本

◎明治五年（一八七二）

伊藤圭介是從江戶後期跨到明治時代的植物學者兼蘭學醫者。本姓西山，名舜民、清民，號錦窠。跟隨水谷豐文學習本草，蘭學則師從藤林普山，也曾師事長崎的西柏德（Alexander George Gustav von Siebold）。文政十二年（一八二九）發行《泰西本草名疏》，首將林內（Carolus Linnaeus）的植物分類法介紹到日本。伊藤大量收集江戶時代的博物誌資料，本圖譜是由田中芳男根據伊藤收藏之水谷豐文門下的本草學者所繪的鳥類編輯而成。

琉球産
マトキ

鷗ノ類ナリ名不覚

鷸ノ一種
ハマダラシギ

〔上段・右起〕
琉球産 真朱鷺・朱鷺
鷗類 名不詳・大水薙鳥
濱斑鷸・彩鷸

〔上段・右起〕
鷽・歐亞鷽
戴勝
河烏
鵯鵊・虎鶇
磯鴨・藍磯鶇

〔上段・右起〕類違唐國鳥・藍鳳冠鳩(藍冠鴿)／弁柄鷺・冠斑犀鳥／大紫音呼・天藍腰鸚哥／猩猩音呼・紅吸蜜鸚鵡／青海音呼・華麗吸蜜鸚鵡／五色紅音呼・深紅玫瑰鸚鵡／錦鳩・翠翼鳩／鸚鵡・小葵花鳳頭鸚鵡／十姐妹・斑文鳥／黄鳥・黃鸝／翠花鳥・藍翅八色鳥／四祝鳥・鵲鴝／紅音呼・紅藍吸蜜鸚鵡／紅音呼・非同類紅吸蜜鸚鵡／小形類違紅音呼・藍紋吸蜜鸚鵡／類違紅音呼・紅藍吸蜜鸚鵡／珠雞 雌・珠雞 ／珠雞 雄・珠雞

『外國珍禽異鳥圖』

編者不詳　寫本　一軸

◎江戶時代末期

該圖譜被認為是臨摹長崎御用繪師對當時進口到當地之外國鳥類寫生記錄的寫本，共畫有三十四種鳥類，除了兩種是在天明七年（一七八七）、其他均是在文化九年至天保三年（一八一二～一八三二）之間引進的。這些圖畫依進口的年代順序排列，並詳細記錄進口年份和同年駛來的第幾號船，是中國來的「唐船」還是荷蘭的「阿蘭陀船」等資訊。

〔上段・右起〕風鳥 雄・小天堂鳥／叫天子・鳳頭百靈？／尾長雉子 雄・白冠長尾雉／尾長雉子 雌・白冠長尾雉／黄頭鳥・金黄絲雀／袖黑椋鳥・黑翅椋鳥／咬留吧鶉 雄・藍胸鶉／咬留吧鶉 雌・藍胸鶉／天雞 咬留吧雉子・環頸雉×銅長尾雉？〔中段・右起〕紅嘴椋鳥 雄 雌／犀鳥／南海雞・紫水雞／喜鵲 雄（不確定）／萩猿子 雌 雄・粉紅腹嶺雀／一足鳥・叉尾雨燕／雉子 山鳥掛合・環頸雉×銅長尾雉／都鳥・蠣鴴／柿雲雀・樹鷚／羽白交喙 雄・白翅交嘴雀〔下段・右起〕雷鳥 雌・岩雷鳥／雷鳥 雄・岩雷鳥／百伶鳥・短趾百靈？／牛鳩 雄雌・黑林鴿／怪鴟 夜鷹・普通夜鷹／大壽林・蘆鵐／駝鳥・雙垂鶴鴕(南方食火雞)／郭公・大杜鵑（不確定）／島椋・小椋鳥的變異種

『薩摩鳥譜圖卷』

編者不詳　寫本　一軸

◎明治時代末期

原作者不明，可能是薩摩藩主島津重豪下令繪製的圖譜之寫本。圖中收錄了九十七種以精巧筆法描繪的鳥類，並有天堂鳥和犀鳥等多種外國鳥類在內。卷頭有伊藤篤太郎提筆的序文和目錄，標示日期為昭和十四年十一月十二日。序中提到該圖譜是祖父伊藤圭介生前的愛書。題簽為《薩摩禽獸圖卷》。

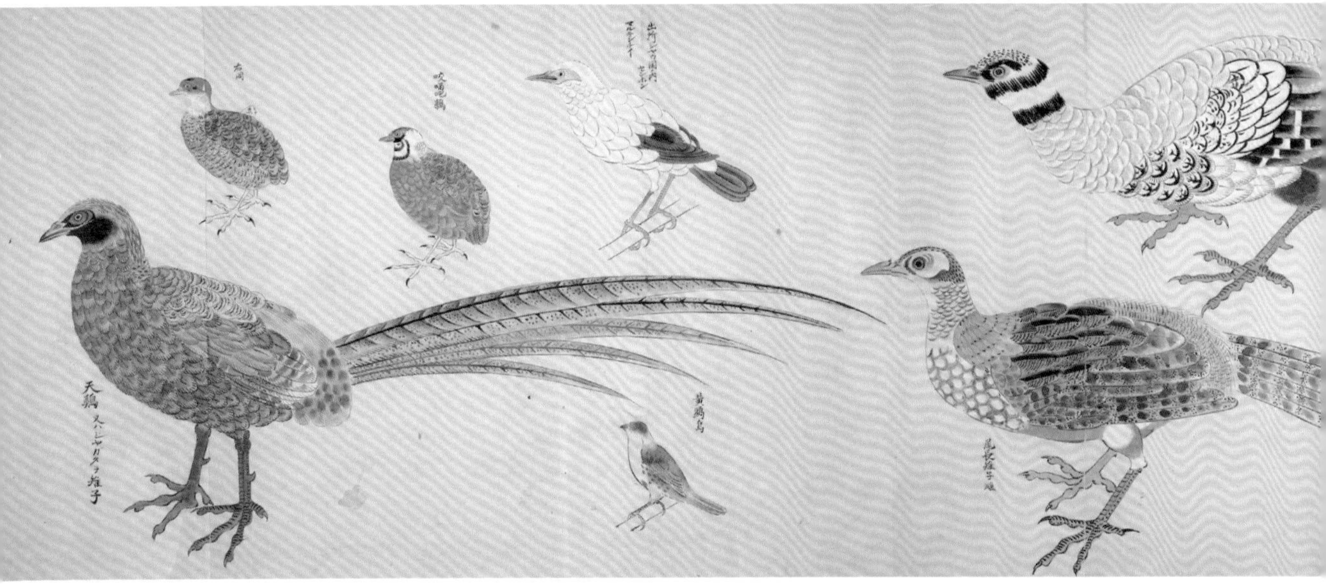

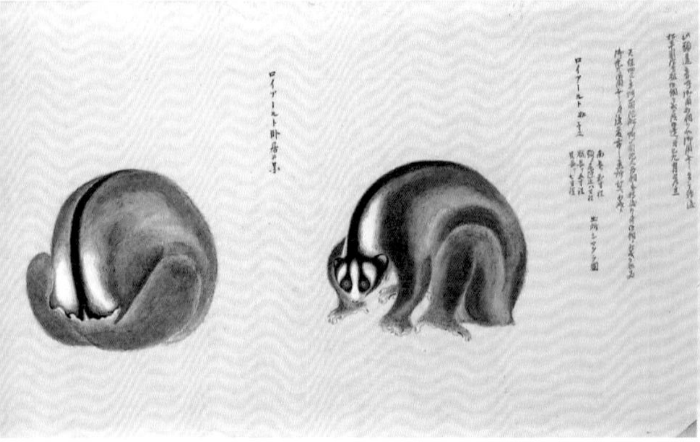

右「樹懶（Luiaard）・懶猴」
左「樹懶臥居（懶猴是夜行性動物，白天會像這樣蜷縮身體睡覺）」

「山荒・爪哇豪豬」

「貉・貛（出自牧野貞幹的《鳥類寫生圖》）」

獸類圖譜

『外國珍禽異鳥圖』

編者不詳　寫本　一軸

◎江戶時代末期

當有珍禽異獸進口到長崎時，代官高木家便下令御用繪師畫下其身姿，再請示幕府是否送往江戶。本卷即是轉錄當年三十九幅圖版記錄的寫本，包括三十四隻鳥類和五隻獸類圖畫。最上方圖片的懶猴（※產自東南亞的原猴，江戶時代則根據洋人的說法標示為樹懶），於天保四年（一八三三）由荷蘭船帶進來的。其他還有爪哇鼷鹿、白鼻心、馬來藍翅八色鳥和珠雞等。

「白鼻心」」
鼷鹿」

「小形鹿・爪哇

海象
萬延元申年四月朔日
朝四ツ時頃川汲村海岸ェ流寄
頭ヨリ尾マテ五尺餘
牙長サ九寸四分
目方貳百目位

「海象」

「豪豬（出自栗本丹洲的《鳥獸魚寫生圖》）」

『寫生物類品圖』

編者不詳　服部雪齋與其他・畫

寫本　一軸

由二十四幅珍奇動植物構成的本圖譜裡，至少有八幅是出自幕末知名博物畫家服部雪齋（一八〇七～？）之手。畫中在當年屬罕見動物的海象（見前一頁），是萬延元年（一八六〇）漂流到北海道龜田半島川汲村的。其他還收錄了皇帶魚和駱駝等珍奇動植物，大部分是謄錄自《栗氏魚譜》等作品。

〔上段・右起〕猿・銀葉猴
〔上段左起到次頁〕印度象
〔下〕駱駝・雙峰駱駝
由於文政4年（1821）引進形成旋風的是單峰駱駝，該雙峰駱駝可能是文久2年（1862）進到日本，隔年成為珍奇異獸展覽的對象，這也是日本首見雙峰駱駝。

〔次頁・下〕《享保十四年來日的象之圖》
幕府將軍德川吉宗訂購的雌雄小象，從廣南（現越南）運到長崎之後，母象很快就死亡，該圖是僅剩的公象前往江戶途中，在京都所繪。

享保十四年廣南國象貢
四月廿八日召于 内裏
叡覧次召于 院
牡象 七歳
頭長二尺七寸
鼻長三尺三寸
背高五尺七寸
胴圍一丈
長七尺四寸
尾長三尺三寸

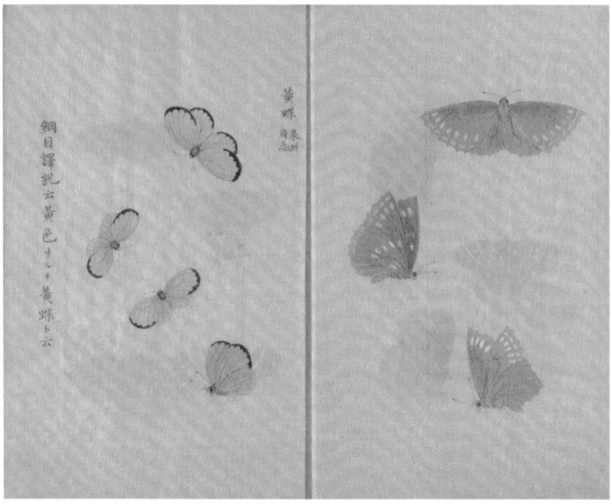

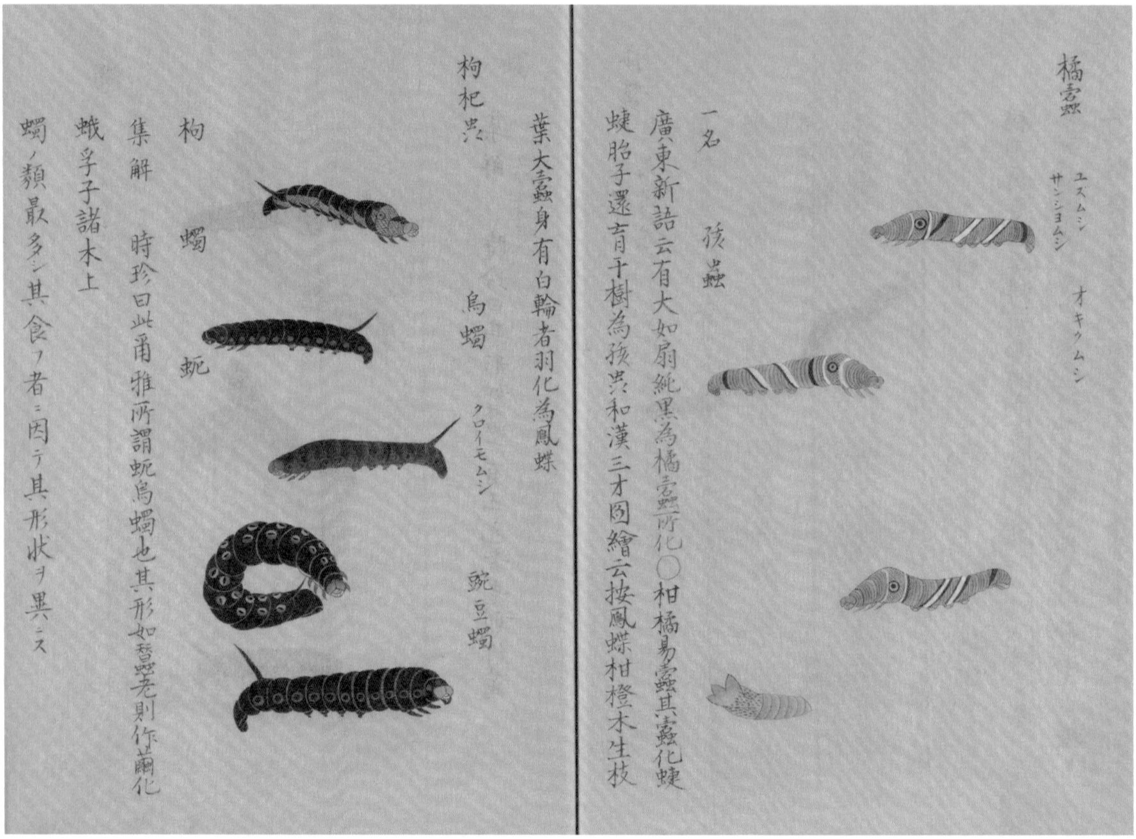

『蟲譜圖説』

飯室昌栩・著　寫本

◎安政三年（一八五六）序

這是將昆蟲做系統分類後的日本首度出版的昆蟲圖譜。根據《本草綱目》的順序，分成卵生蟲類、化生蟲類、濕生蟲類和鱗蟲類等，從昆蟲到兩棲類、爬蟲類等共收錄逾九百種生物，與栗本丹洲的《丹洲蟲譜》齊名。飯室昌栩（一七八九～一八五九？）通稱庄左衛門，號樂圃、千草堂，另著有《梅花圖譜》和《蓮圖譜》等植物書籍。

〔上段・右起〕
蛾 小凰・蛾的一種
蛾 月日斑・蛾的一種
黃蝶
橘蠹 柚蟲 山椒蟲 菊蟲・麝香鳳蝶的幼蟲
蛾的幼蟲

「蛾的幼蟲」

〔上段・右起〕
柑蝶・黑鳳蝶／鬼車 鬼蛺蝶 鬼蝶・黃鳳蝶／揚羽蝶 黑揚羽・鳳蝶科的一種／黃揚羽・黃鳳蝶（不確定）

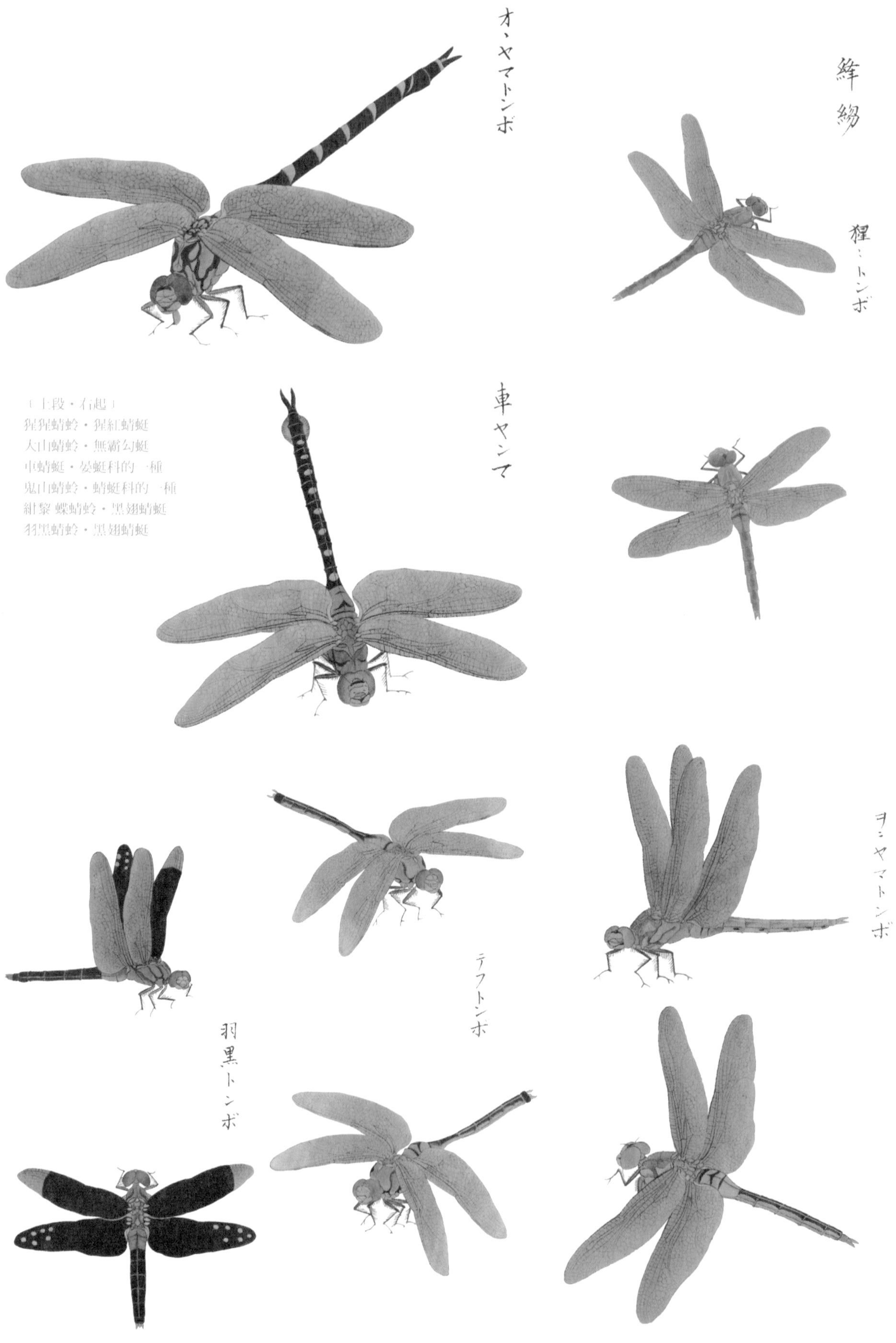
絳緲
猩々トンボ
オヽヤマトンボ
車ヤンマ
ヲニヤマトンボ
テフトンボ
羽黒トンボ

（上段・右起）
猩猩蜻蛉・猩紅蜻蜓
大山蜻蛉・無霸勾蜓
車蜻蜓・晏蜓科的一種
鬼山蜻蛉・蜻蜓科的一種
紺黎 蝶蜻蛉・黑翅蜻蜓
羽黑蜻蛉・黑翅蜻蜓

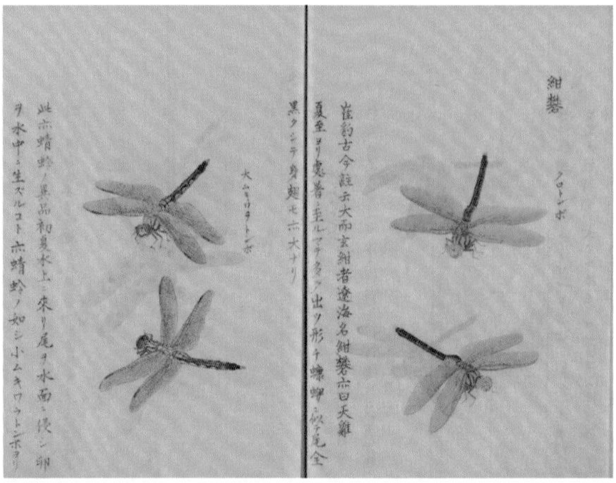

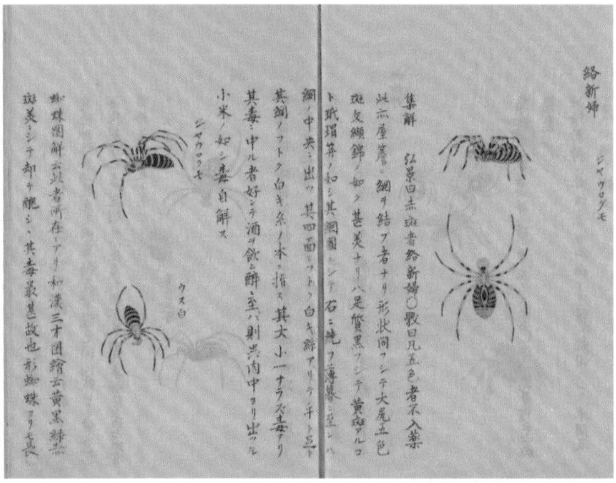

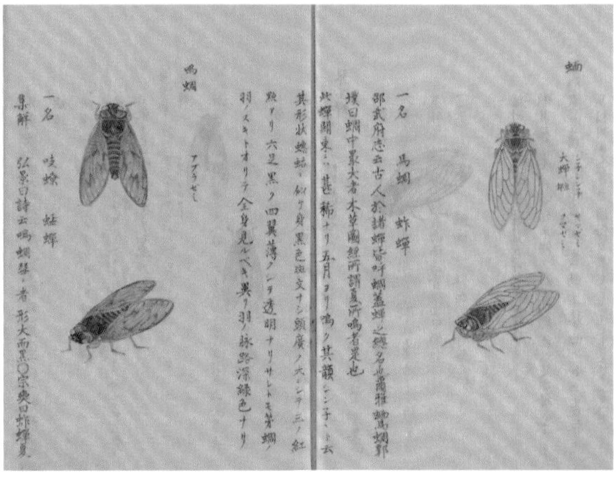

〔上段・右起〕
紺蠜 黑蜻蛉・黑翅珈蟌
大麥稈蜻蛉・黯脈蜻蜓
繙紺 黑蜻蛉 御歯黑蜻蛉・黑翅珈蟌
精靈蜻蛉・薄翅蜻蜓
溪鬼蟲 皂莢蟲 兜蟲・獨角仙
蛓（同溪鬼蟲）・獨角仙
鍬形蟲・高砂深山鍬形蟲
姬鍬形・鋸鍬形蟲
角鍬形・？
絡新婦 女郎蜘蛛・橫帶人面蜘蛛
地蜘蛛 腹切蜘蛛・卡氏地蛛
異常大蜘蛛？
山蟬 熊蟬・熊蟬
油蟬・日本油蟬

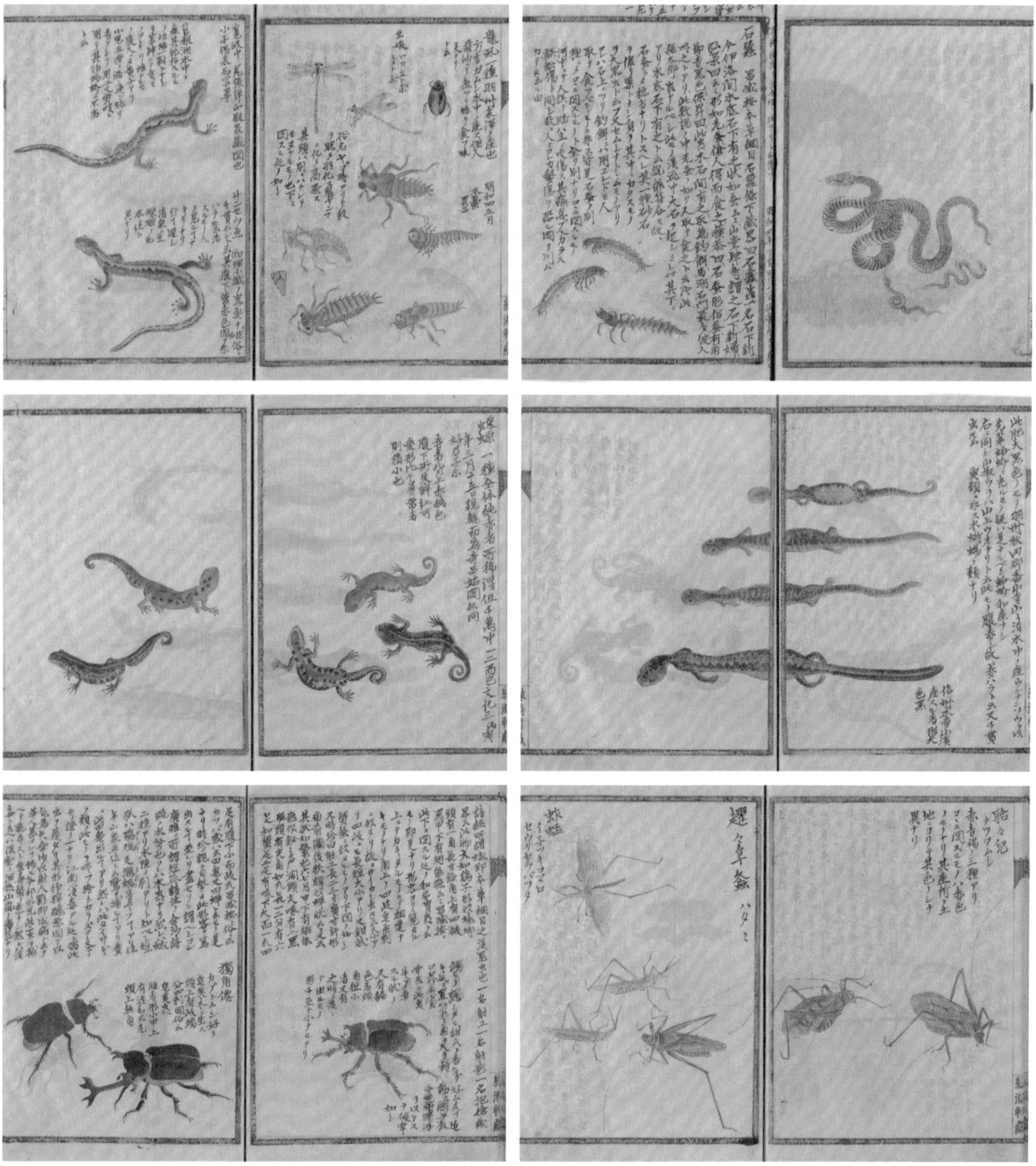

〔上段・右起〕
石蠶・石蛾類的幼蟲
龍虱・牙蟲
豆娘 若眾蜻蛉 姬蜻蛉・豆娘
水蠆
山椒魚・箱根山椒魚(爪鯢)
蠑螈・紅腹蠑螈
聒聒兒・寬翅紡織娘
蚱蜢・負蝗
獨角僊・獨角仙

『千蟲譜』

栗本丹洲・著／服部雪齋・畫

◎文化八年（一八一一）序

本書不但以身為日本最早的蟲類圖譜而享有盛名，也因為正確且具科學性的圖示，足以證明江戶時代的博物學已經發展到動物學的地步而受到好評。除了昆蟲，也收錄當時被歸類在「蟲」類的海星、海參、水母和蝸牛等動物。雖然每個寫本收錄的種類個數不盡相同，但約有五百多種。抄錄自原始資料的大量新舊寫本，在繪圖技術上有明顯的巧拙差異，但本資料是臨摹服部雪齋的畫本，能傳達貼近原著的意趣。

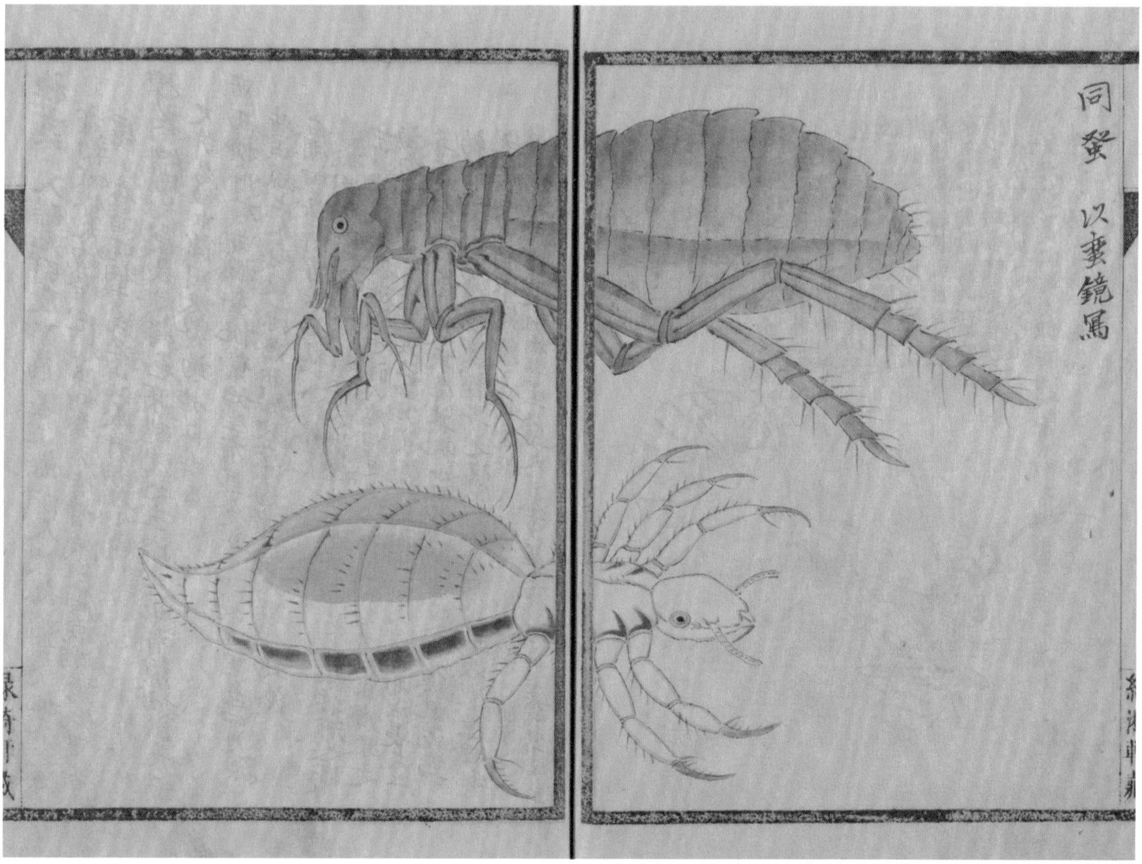
同蚤　以要鏡寫

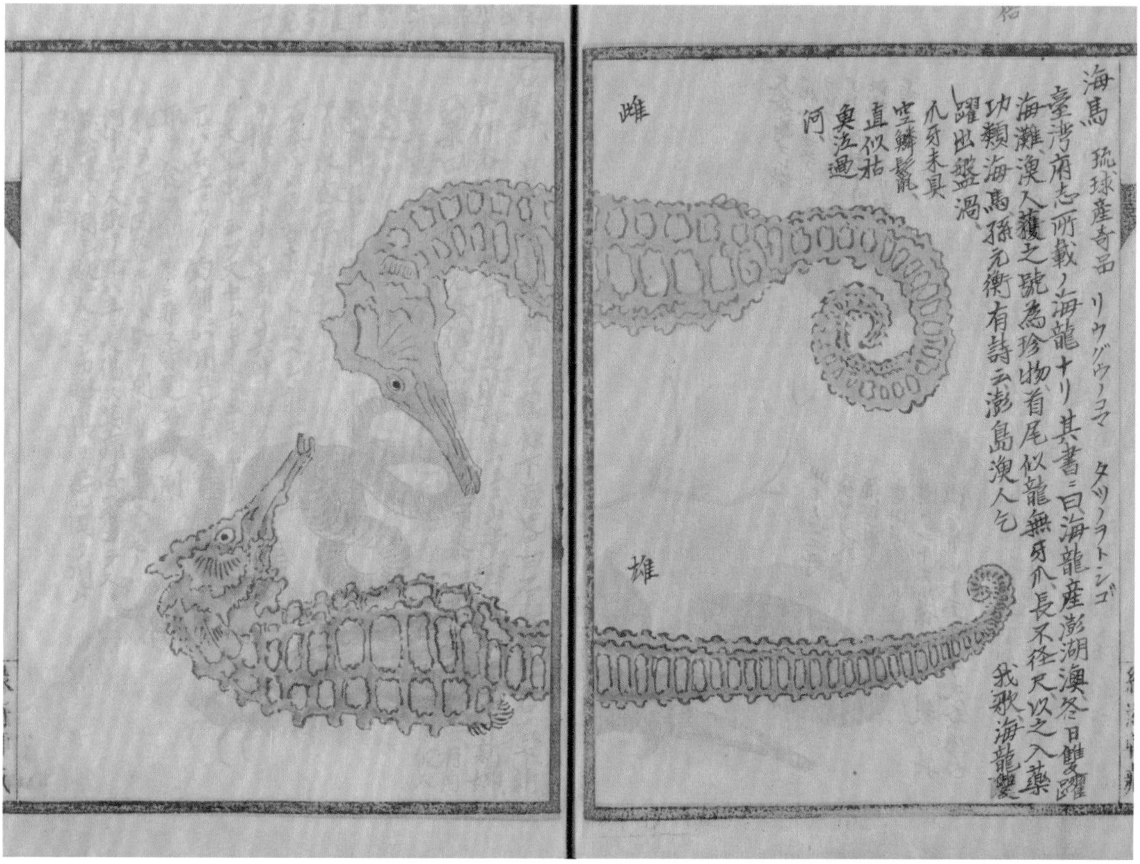
海馬　琉球産奇品　リウグウノコマ　タツノヲトシゴ
臺灣府志所載ノ海龍ナリ其書ニ曰海龍産澎湖澳冬日雙躍
海灘漁人獲之號為珍物首尾似龍無牙爪長不徑尺以之入藥
功類海馬孫元衡有詩云澎島漁人乞我歌海龍
躍出盤渦
爪牙未具
空鱗鬣
直似枯
臭流過
河
雌
雄

〔上段・右起〕蚤・跳蚤／蝨子（前兩者皆為顯微鏡放大圖）／海馬 雌雄

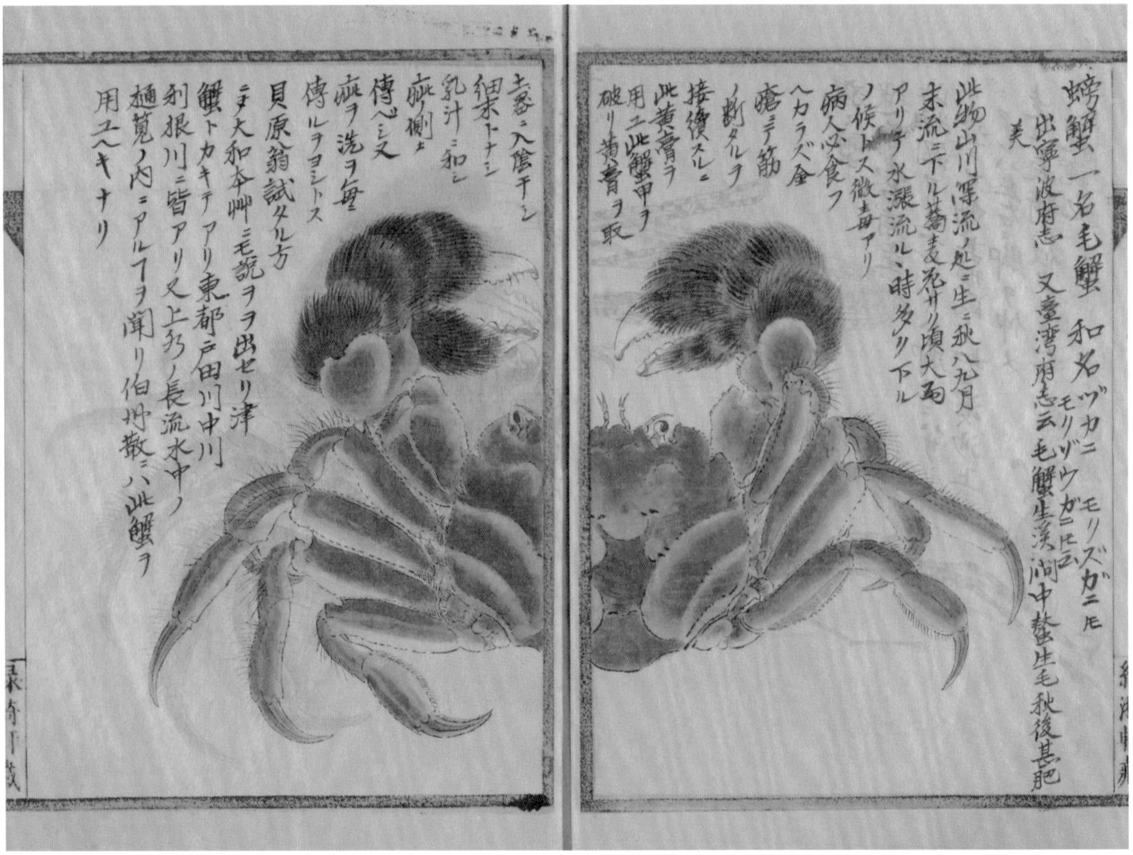
螃蟹一名毛蟹　和名ヅガニ　モリズガニト云
モリヅウガニト云
出寧波府志　又臺灣府志云毛蟹生溪澗中螯生毛秋後甚肥
美
此物山川深流ノ処ニ生ニ秋八九月
末流ニ下ル蕎麦花サク頃大ニ為
アリテ水漲流ル、時多ク下ル
ノ候トス微毒アリ
病人必食フ
ヘカラズ全
瘡ニテ筋
ノ断タルヲ
接續スルニ
此黄膏ヲ
用ユ此蟹甲ヲ
破リ黄膏ヲ取
土器ニ入陰干シ
細末トナシ
乳汁ニ和シ
疵ノ側ニ
傅ヘシ又
疵ヲ洗フ毎
傅ルヲヨシトス
貝原翁試タル方
ニヲ大和本草ニ毛蟹ヲ出セリ津
蟹トカキテアリ東都戸田川中川
利根川ニ皆アリ又上刕ノ長流水中ノ
通蔦ノ内ニアルヿヲ聞リ伯州敝ニハ此蟹ヲ
用ユヘキナリ

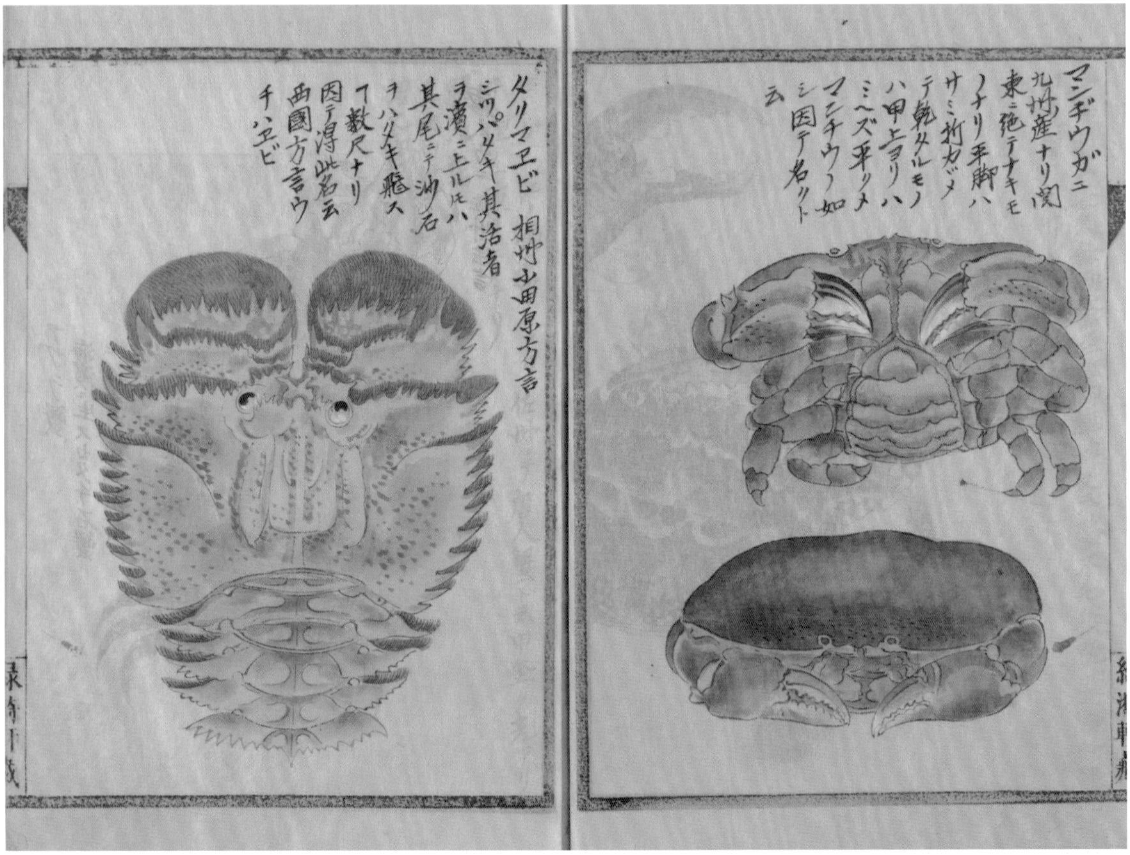
マンヂウガニ
九州産ナリ関
東ニ絶テナキモ
ノナリ平脚ハ
サミ折カヾメ
テ縮タルモノ
ハ甲上ヨリハ
ミヘズ平ツメ
マンヂウノ如
シ因テ名ツト
云
タリマエビ　相州小田原方言
シヅパメキ其活者
ヲ濱ニ上ルトキハ
其尾ニテ沙石
ヲハタキ飛ス
丁數尺ナリ
因テ得此名云
西國方言ウ
チハエビ

〔上段・右起〕螃蟹・日本絨螯蟹／饅頭蟹・愛潔蟹(扇蟹科的一種)／團扇蝦・毛緣扇蝦

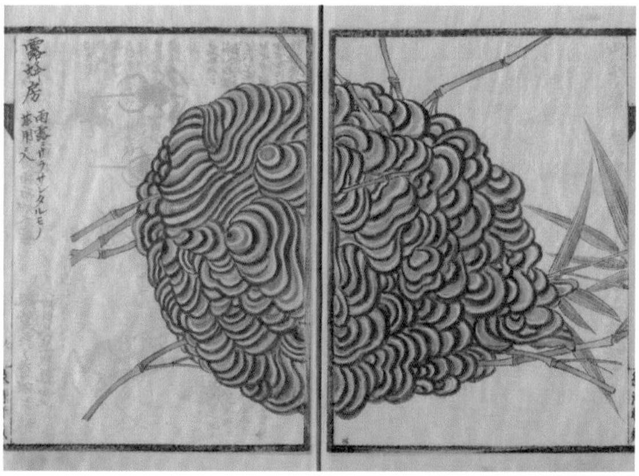

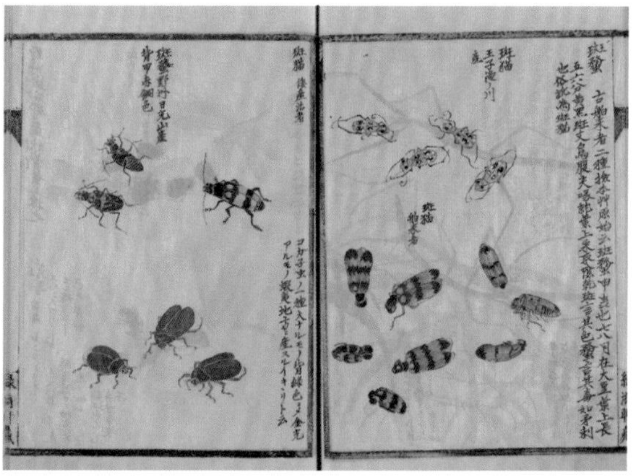

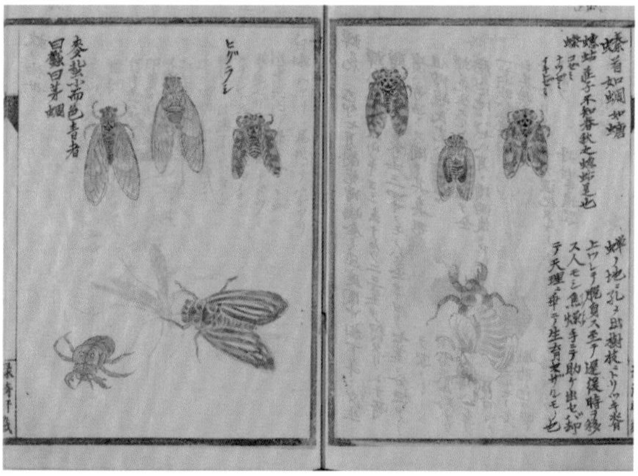

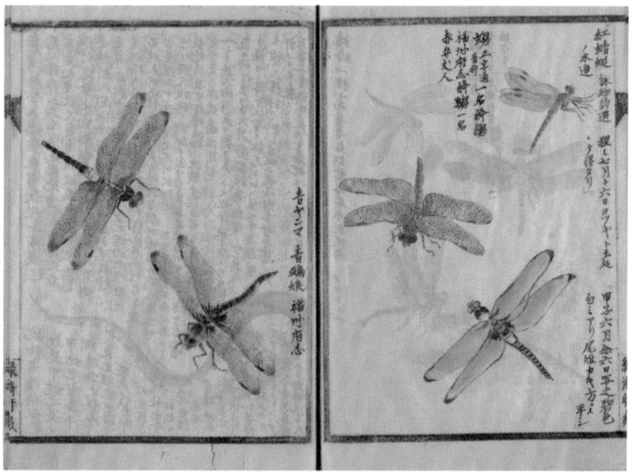

〔上段・右起〕
斑貓（王子瀧之川產）・虎甲蟲
斑貓（外來種）・虎甲蟲
斑貓（日本產活蟲）・虎甲蟲
露蜂房・虎頭蜂巢
紅蜻蜓・薄翅・蜻蜓 猩紅蜻蜓 黃纫蜻蜓
青蜻蜓・長痣綠蜓
蟟・蝦夷蟬（羽化脫殼的模樣）
蜩・日本暮蟬
全蠍（在外國船隻中捕獲，屬外來種）・蠍
草蝦・日本沼蝦
石蟹・日本蝲

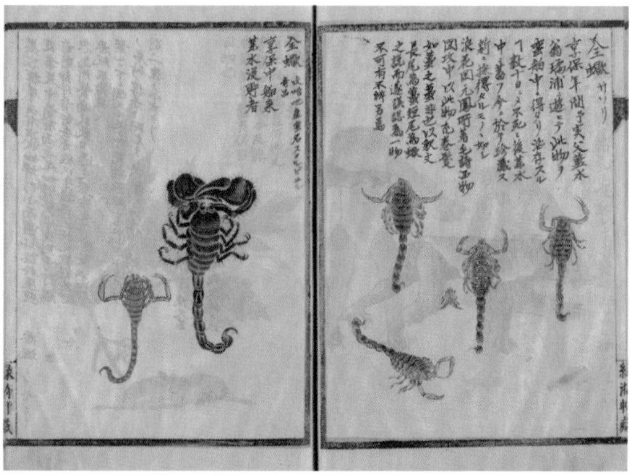

「蝤蛑 海蟹・三齒梭子蟹」

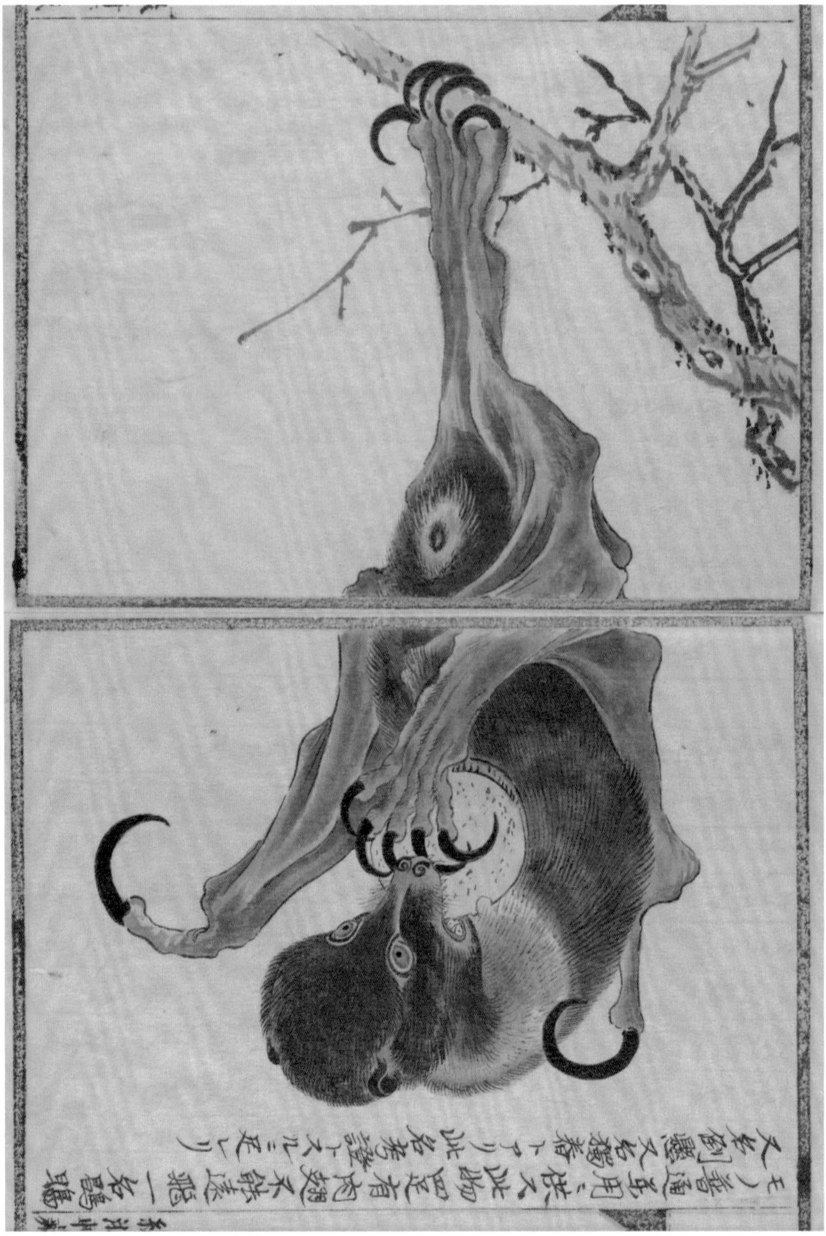

大蝙蝠・琉球狐蝠
食果性大型蝙蝠。雖然丹洲記錄為「八重山狐蝠」，實為琉球列島產的是永良部狐蝠。

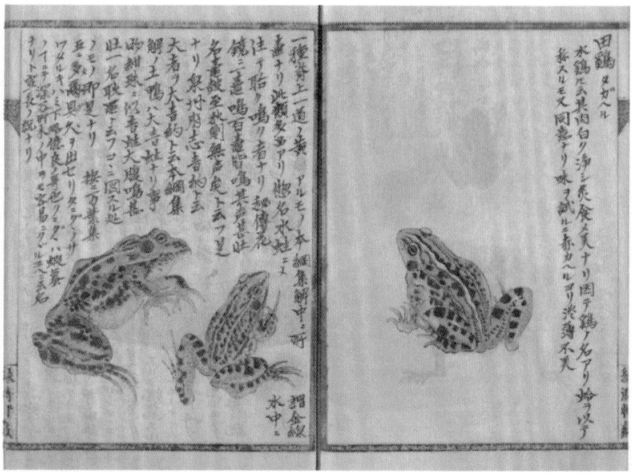

〔上段・右起〕
田雞・黑斑側褶蛙(赤蛙科的一種)
田雞・黑斑側褶蛙
水雞？
蝦蟇・日本蟾蜍
科斗（蝌蚪）

「水虎（河童的別名）」

『肘下選蠕』

森春溪・畫

◎文政三年（一八二〇）序刊

此為十二幅蟲類寫生圖構成的木版印刷畫帖。在早一年出版的《春溪畫譜》裡，每幅都有江戶時代儒學者篠崎小竹（一七八一～一八五一）等人親筆提字的漢詩。小竹在本畫帖的序中提到，因為被美麗的畫作吸引而在其上賦詩，並在序末留下「文化庚辰（三年）七夕後一日」的記載。該作品每幅對開頁畫中，都有棲於花草之間的昆蟲，極為精緻的描繪以及巧妙的遠近配置，連帶展現出空間裡的詩情畫意。展閱時彷彿可見圖中蝶蛾展翅、鱗粉飛散的模樣。

畫中伴隨植物登場的昆蟲，主要有蚱蜢、灶馬、蜂類、蟬、簑蛾的幼蟲、椿象、蝸牛、蝗蟲、天牛、蝴蝶、螳螂、蜻蜓、螢火蟲，以及蟾蜍等約四十餘種自然界生物，個個筆法精湛細緻。

文政庚辰春
夏之間寫於
森春溪

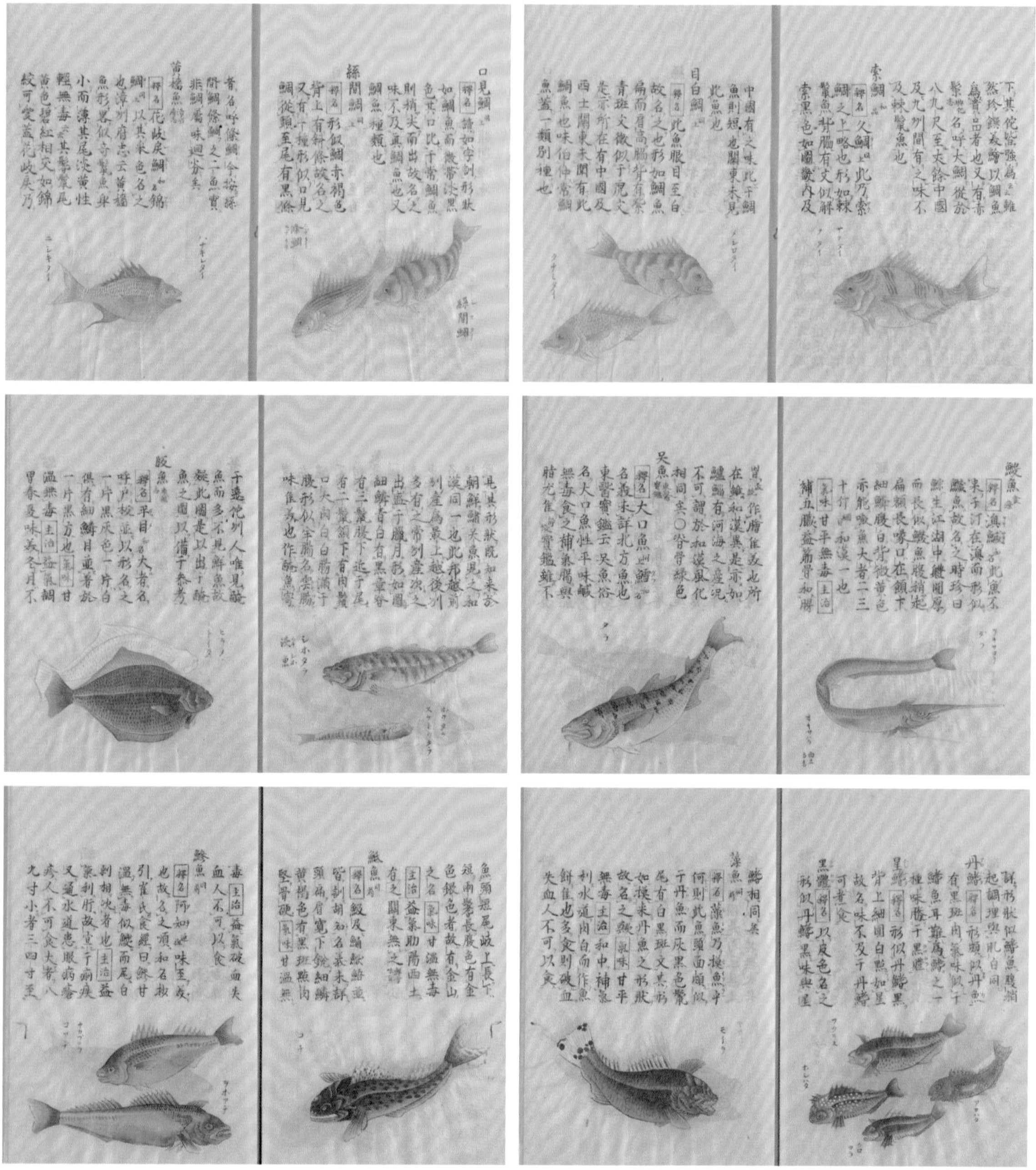

〔上段・右起〕
索鯛・條石鯛（不確定）／目白鯛・灰白鱲／口見鯛・正龍占魚／絲間鯛・花尾唇指 ／條鯛・花斑刺鰓鮨／黃檣魚花岐戾鯛・？／鰻魚 澳鱵・尖嘴圓尾鶴鱵／吳魚 鱈・大頭鱈／淡魚・大頭鱈／介黨鱈・黃線狹鱈／版魚 平目・牙鮃／丹鰭 星鰭 黑體 腹利子・石斑魚類／藻魚・鮨科魚類／鮪 鮴・牛尾魚／鰺魚 小鰺、大鰺・竹筴魚

『日東魚譜』

神田玄泉著　寫本

◎元文六年（一七四一）序

《日東魚譜》是日本第一本介紹魚貝類的圖譜，完成於享保四年（一七一九），後於享保十六年（一七三一）、二十一年（一七三六）和元文六年（一七四一）記序進行三次改版，內容稍有不同。本書是元文六年記序的最終修訂本，收錄三三八種魚貝類圖說。關於作者神田玄泉，只知道是住在江戶城南的醫生。

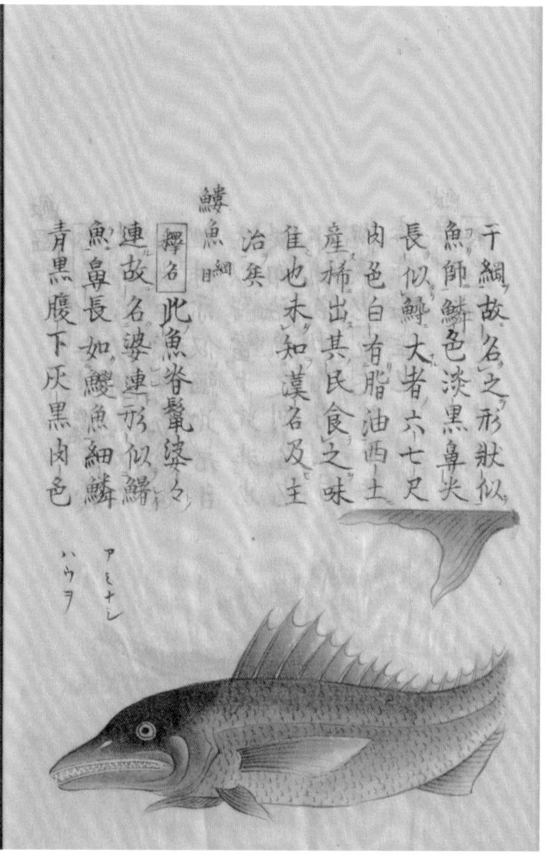
于網故名之形狀似
魚師鯆色淡黑鼻尖
長似鱘大者六七尺
肉色白有脂油西土
産稀出其民食之味
佳也未知漢名及主
治矣
鱋魚 綱目
釋名 此魚脊鬣婆々
連故名婆連形似鱘
魚鼻長如鰻魚細鱗
青黑腹下灰黑肉色
アミナシ
ハウヲ

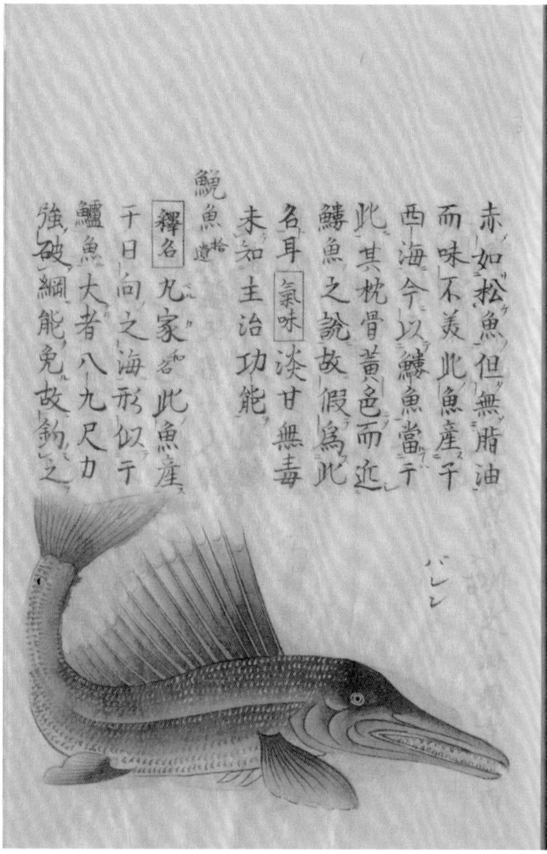
赤如松魚但無脂油
而味不美此魚産于
西海今以鱋魚當于
此其枕骨黄色而近
鱋魚之說故假爲此
名耳 氣味 淡甘無毒
未知主治功能
鯢魚 拾遺
釋名 九家 此魚産
于日向之海形似于
鱸魚大者八九尺力
強破網能免故釣之
バレン

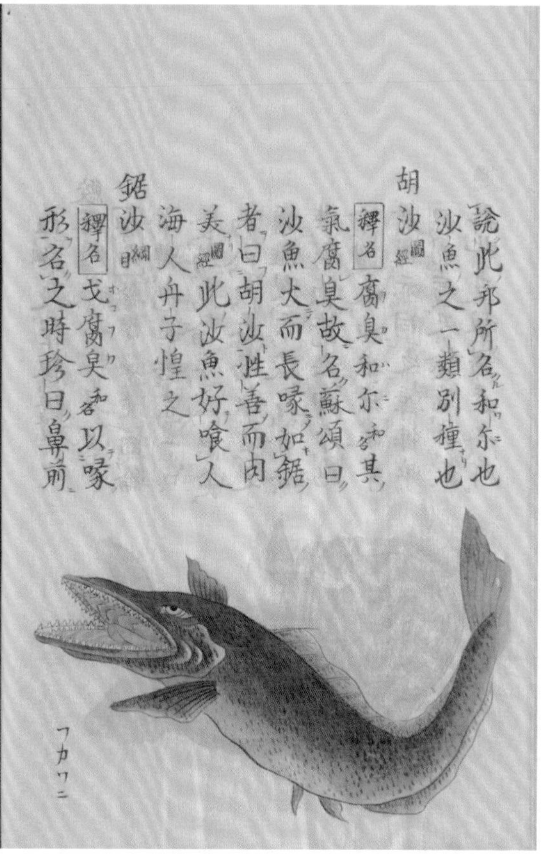
說此邦所名和尓也
沙魚之一類別種也
胡沙 圖經
釋名 腐臭 和尓 其
氣腐臭故名蘇頌曰
沙魚大而長喙如鋸
者曰胡沙性善而肉
美 圖經 此沙魚好喰人
海人舟子惶之
鋸沙 綱目
釋名 戈腐臭 和名 以喙
形名之時珍曰鼻前
フカワニ

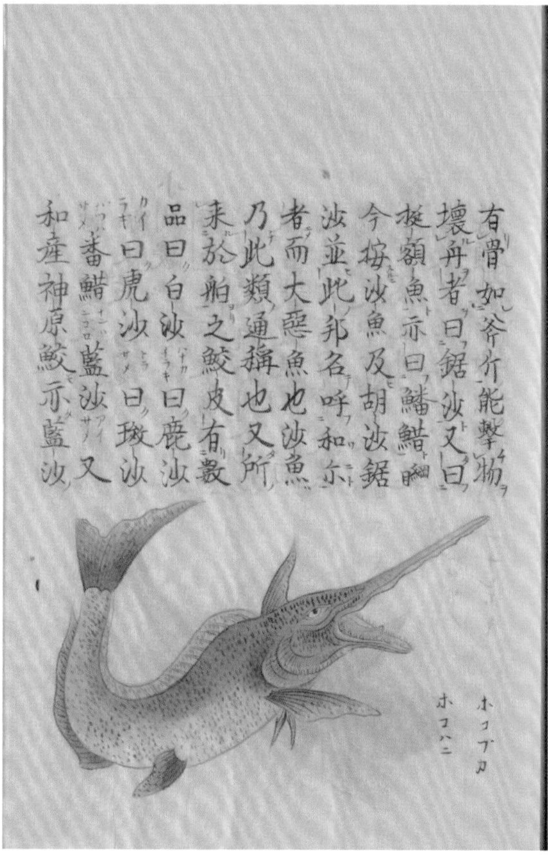
有骨如斧斤能擊物
壞舟者曰鋸沙又曰
挺額魚亦曰鐇鯌 綱目
今按沙魚及胡沙鋸
沙並此邦名呼和尓
者而大悪魚也沙魚
乃此類通稱也又所
來於舶之鮫皮有數
品曰白沙曰鹿沙
曰虎沙曰璈沙
番鯌藍沙又
和産神原鮫亦藍沙
ホコブカ
ホコハニ

〔上段・右起〕網無・雨傘旗魚／婆連・小吻四鰭旗魚（不確定）／胡沙・鯊魚類／鋸沙・鯊魚類

『魚譜』

栗本丹洲・畫　親筆　一軸

此為江戶時代醫生兼本草學者的栗本丹洲所編纂的魚類圖譜。當時雖然有許多跟植物有關的書籍，卻少有動物，尤其是蟲和魚類的書籍介紹，丹洲因而花了長年歲月編製圖譜，完成《栗氏魚譜》和《千蟲譜》的著作。又因丹洲精湛的繪圖技術以及豐富的科學觀察力，其所繪製的甲殼類圖畫甚至被引用在西柏德的著作《Fauna Japonica》（譯名《日本動物誌》，一八三三～一八五〇）裡。丹洲詳盡的研究與觀察力道，可說是超越了本草學者，接近博物學者的程度。

〔前頁上段・右起〕
石割鯛・鯛魚類
茅渟・黑棘鯛
鶯哥魚・日本鸚鯉
惠美須鯛・日本骨鱗魚
紅口・鯛魚類
黃檣魚的一種・鯛魚類
平鯛・鯛魚類

〔上段・右起〕
胡盧鯛・鯛魚類
目仁奈鯛的一種・瓜子鱲
瘤鯛・金黃突額隆頭魚
樵・四角唇指䱱
寒鯛・藍豬齒魚
潮吹鯛 天狗・尖吻棘鯛
横鯛・鯛魚類

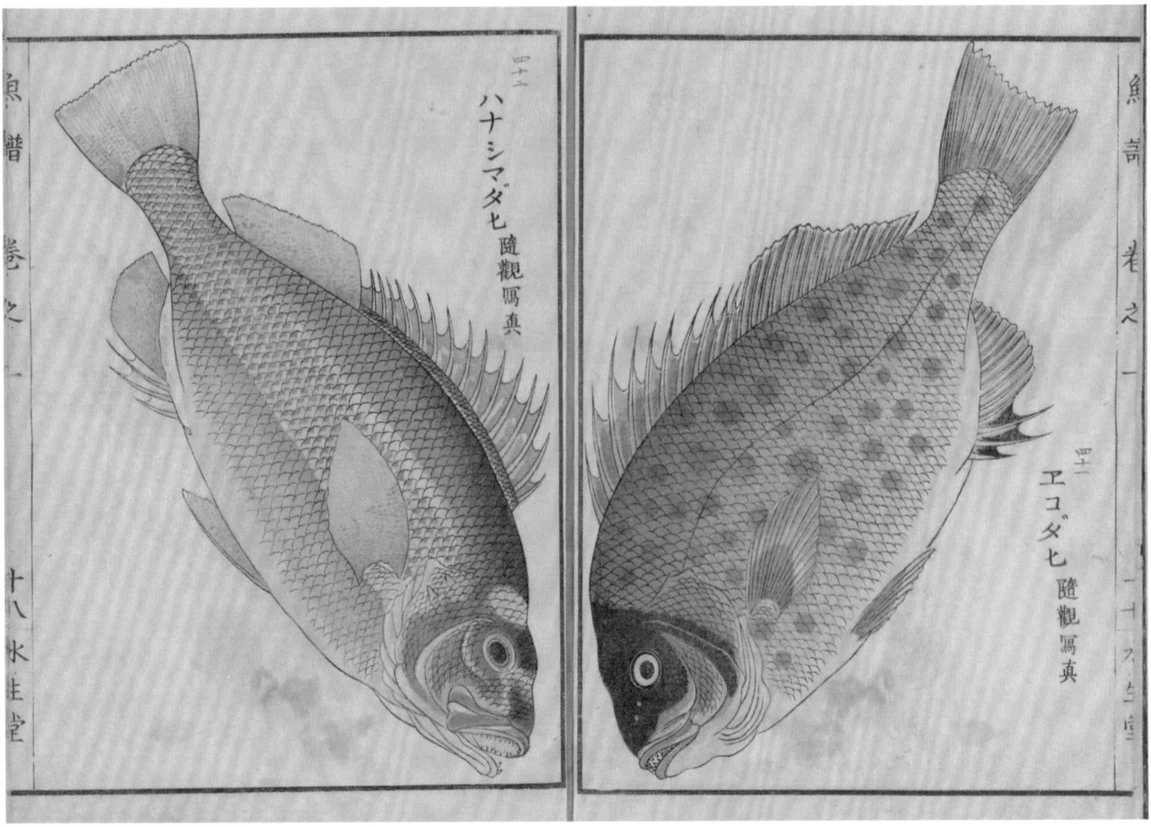

〔上段・右起〕
胡盧鯛・鯛魚類
花縞鯛・鯛魚類
真鯛 雌魚・日本真鯛
真鯛 雄魚・日本真鯛
赤目鯛・日本櫛鯧
金太郎・大棘大眼鯛
紅鯛・鯛魚類

『水族寫真　鯛部』

奧倉辰行・編

◎安政二～四年（一八五五～五七）水生堂

本書是在江戶神田多町經營蔬果店的奧倉辰行所編製的魚類圖譜。辰行自幼擅長繪畫，住在附近的考證學者狩谷棭齋看出他的才能，便建議他畫魚，並贊助他買魚等的費用。據說辰行從此每天前往魚市場買魚，進行魚類寫生和調查研究，之後也把謄錄自其他魚類圖譜的資料跟自己的寫生圖做一匯整，內容涵蓋從海水魚、淡水魚到關公蟹和水母等總計逾七二〇種以上的生物，打算分成十多卷發刊問世。他先是自費出版以木版印刷的第一卷〈鯛部〉，收錄約九十種當時被視為是「魚類之王」的鯛魚。可惜資金有限，〈鯛部〉之後的系列作品未能付梓。

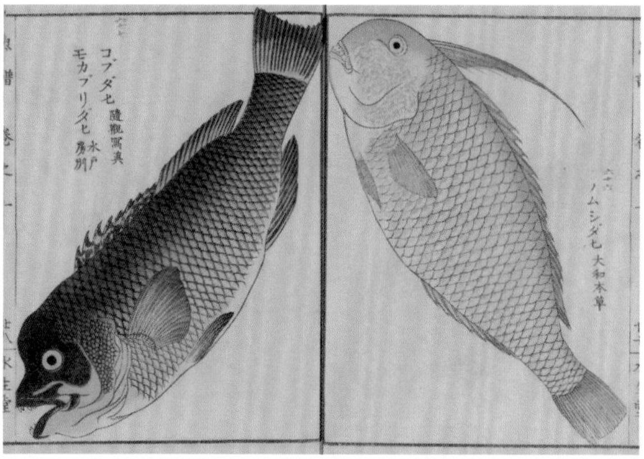

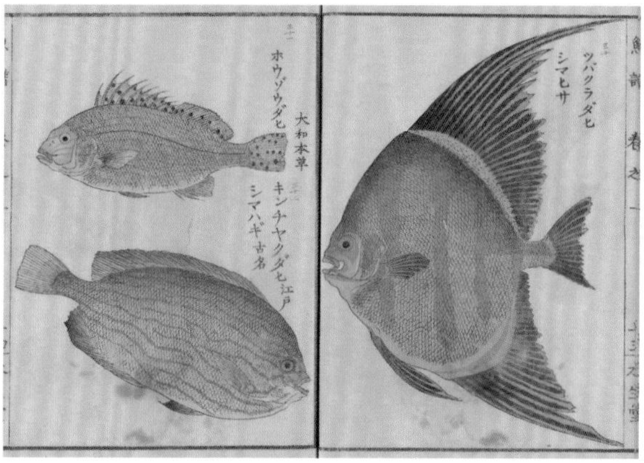

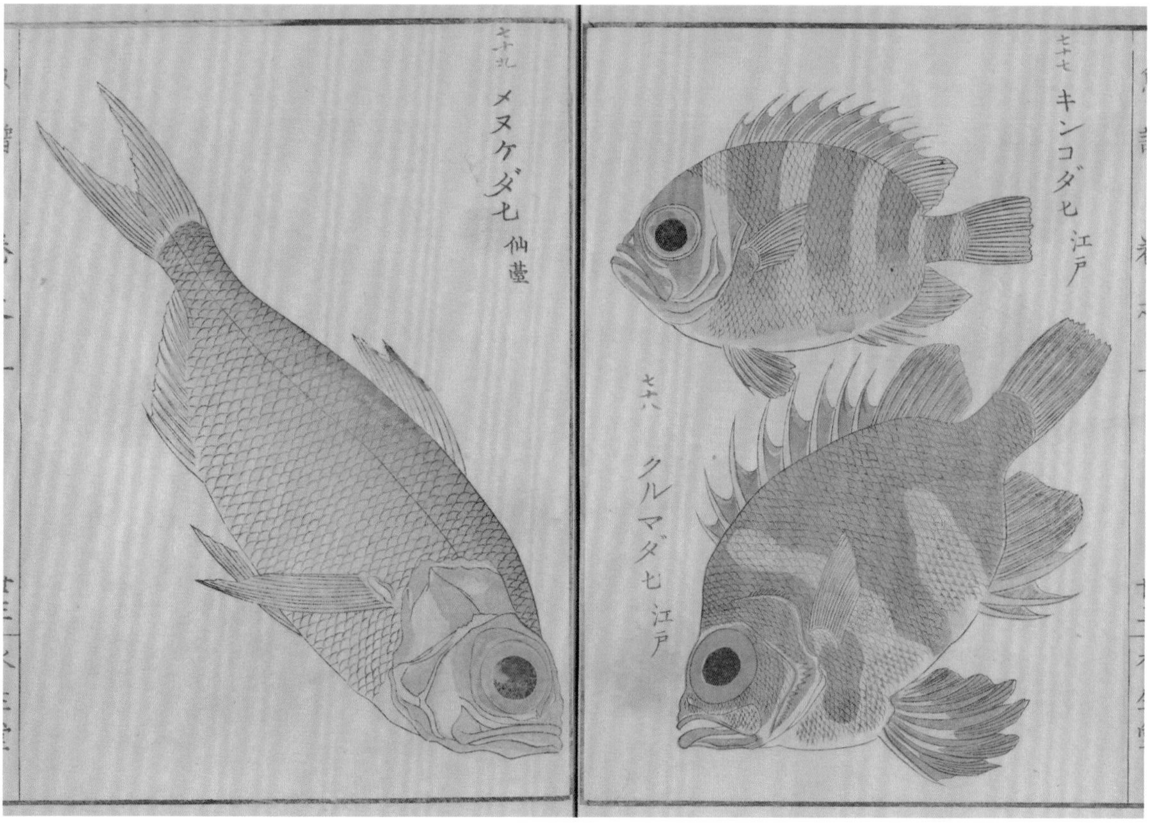

〔上段・右起〕
炭焼鯛 目仁奈・瓜子鱲／縞鯛・條石鯛／胡麻石鯛・斑石鯛／鏡鯛・雲紋雨印鯛／銀鏡鯛 銀鯛・眼眶魚／燕鯛・鯛魚類／寶藏鯛・鯛魚類／巾著鯛 縞剥・藍帶荷包魚／感鯛・鯛魚類／瘤鯛 藻被鯛・金黃突額隆頭魚／錦子鯛・鯛魚類／車鯛・日本大鱗大眼鯛／目抜鯛・火焰平鮋

「水族四帖　春・夏・秋・冬」

奧倉辰行・畫　手稿本　四帖

使用美濃紙大型版面編成春夏秋冬各一冊的四季魚類圖譜，合計有一九三頁彩圖。這些圖畫均用筆上色，描繪精細，是本精彩出色的魚類圖譜。解說裡包含了各地稱呼、魚類形態以及和漢典籍的引用等。部分圖畫是從其他資料剪貼而來，第一冊卷頭有伊藤圭介撰寫的內容簡介，封底摺頁有伊藤篤太郎的題跋。

〔上段・右起〕
金魚／巣守柳木鮒青目・鯽魚類
鱧魚・灰海鰻

〔前頁上段・右起〕
金針・暗色頜鬚鮈(銀鮈)／鰍・鈍頭杜父魚／石鮠・鯉科的一種淡水魚／砂堀・擬鮈／鎌柄・擬鮈／鎌柄・擬鮈／鯢魚・日本大鯢、山椒魚／洞沙魚・點帶叉舌鰕虎／駄坊鯊・暗縞鰕虎／鰍・鈍頭杜父魚／川笠子・石狗公／鯰・日本鬼鮋

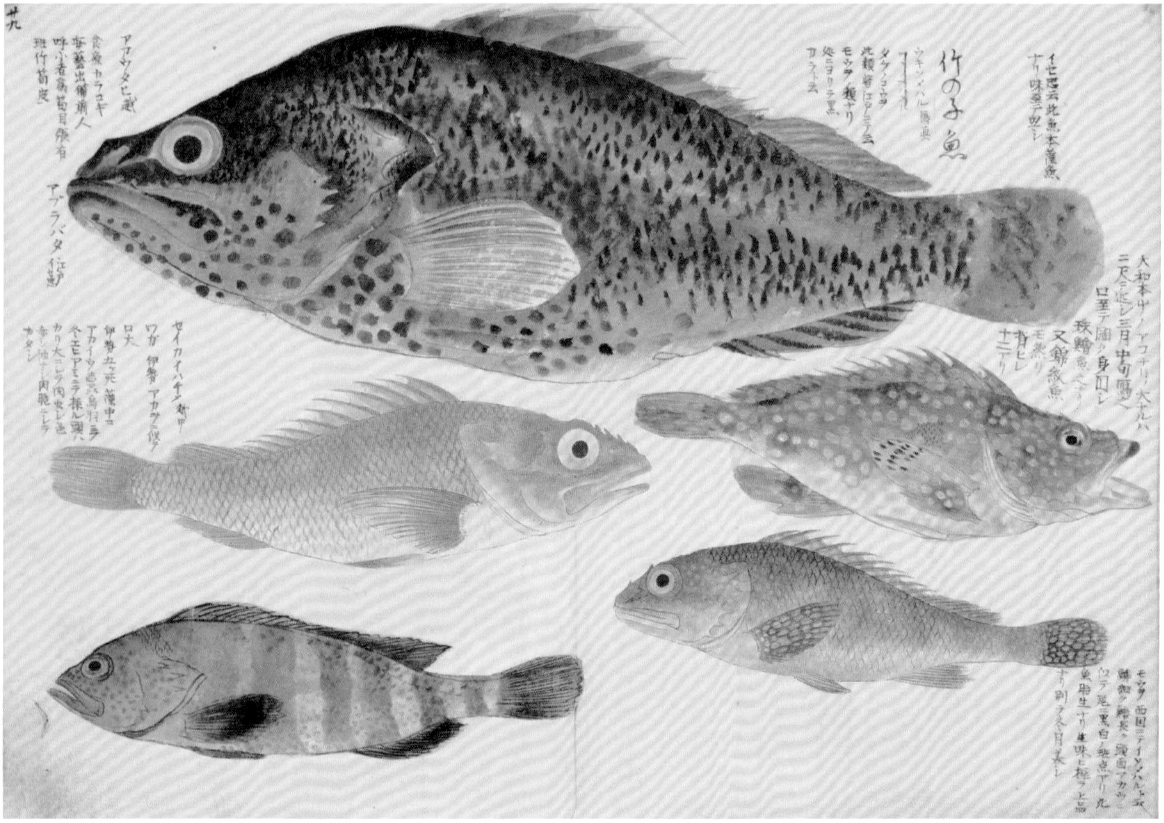

〔上段・右起〕

青柳 八目・平鮋(石狗公)／旗代魚 腹利子・邊尾平(石狗公)／珠鰭魚 笠子・石狗公

〔下段・右起〕

竹子魚・日本平鮋／青海八目・平鮋(石狗公)／藻魚 磯目張・寬帶石斑魚

〔上段・右起〕
大鯛・鯛魚類
寒鯛 瘤鯛 藻被鯛・金黄突額隆頭魚
胡椒鯛・鯛魚類
茅渟・黒棘鯛
烏頰魚 茅渟・黒棘鯛

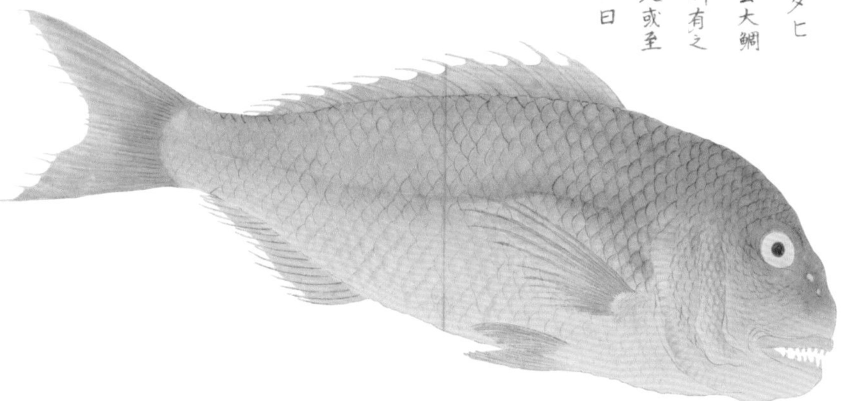

チヽタヒ
日東魚譜云大鯛
中國及九州有之
大者八九尺或至
丈味不佳或曰
有毒云

カンタヒ

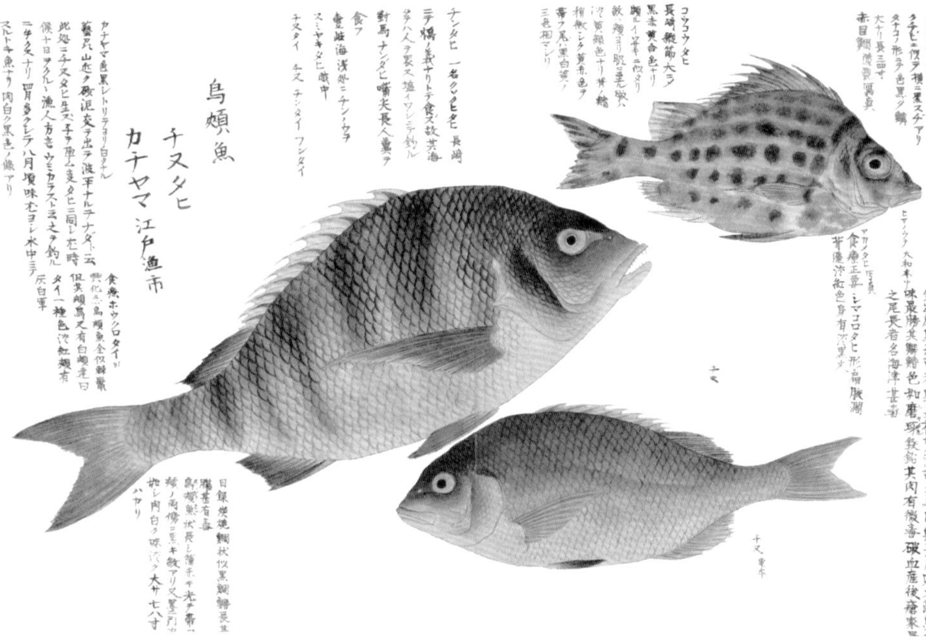

烏頰魚
チヌタヒ
カナヤマ
江戸漁市

屋河豚・密溝圓魨
河豚
縞河豚・黄鰭多紀魨
鯖河豚・棕斑兔頭魨
虎河豚・紅鰭多紀魨(虎河魨)
然犀志・鮟鱇（不確定）

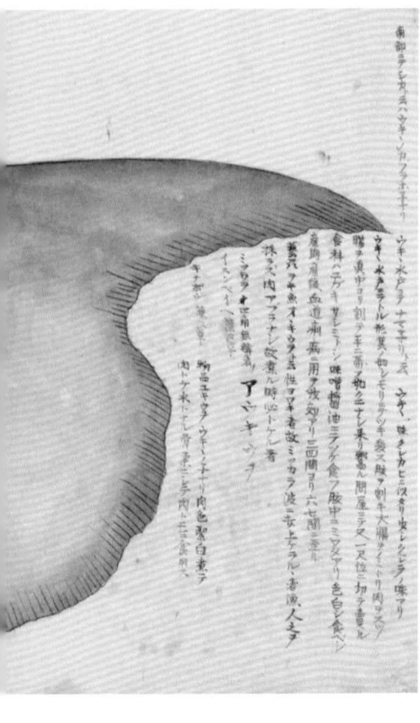

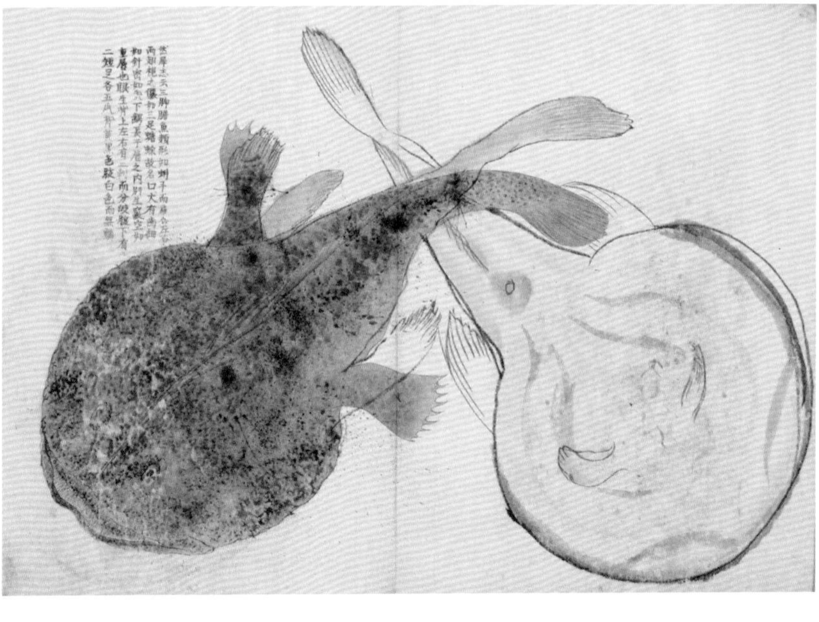

〔上段・右起〕
釜屋河豚 真河豚・紫色多紀魨
砂河豚・鉛點多紀魨
潮際・斯氏多紀魨
燕魚・飛魚
滿方 浮龜・翻車魨（翻車魚、曼波）
鱝・鰩、魟

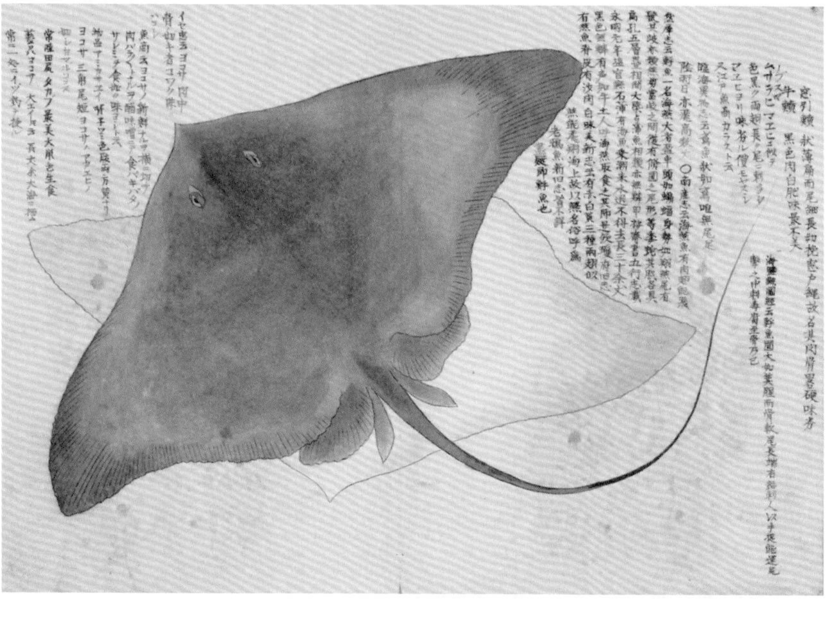

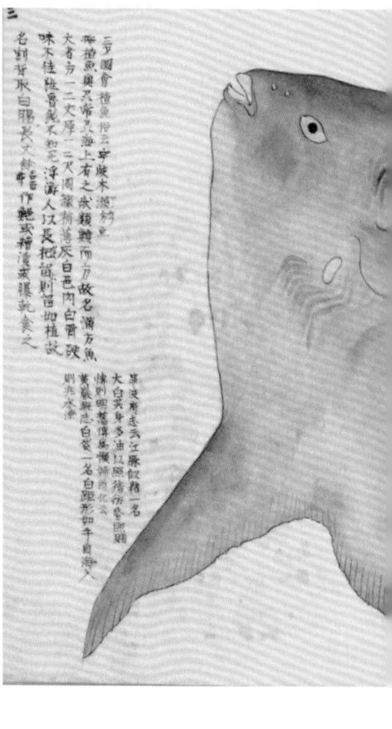

〔上段・右起〕
姬小鯛 小八目・燕赤鮨
小八目・平鰤
比女智魚・日本緋鯉
紅差・日本緋鯉
鱈・大頭鱈
魴鮄・棘黒角魚

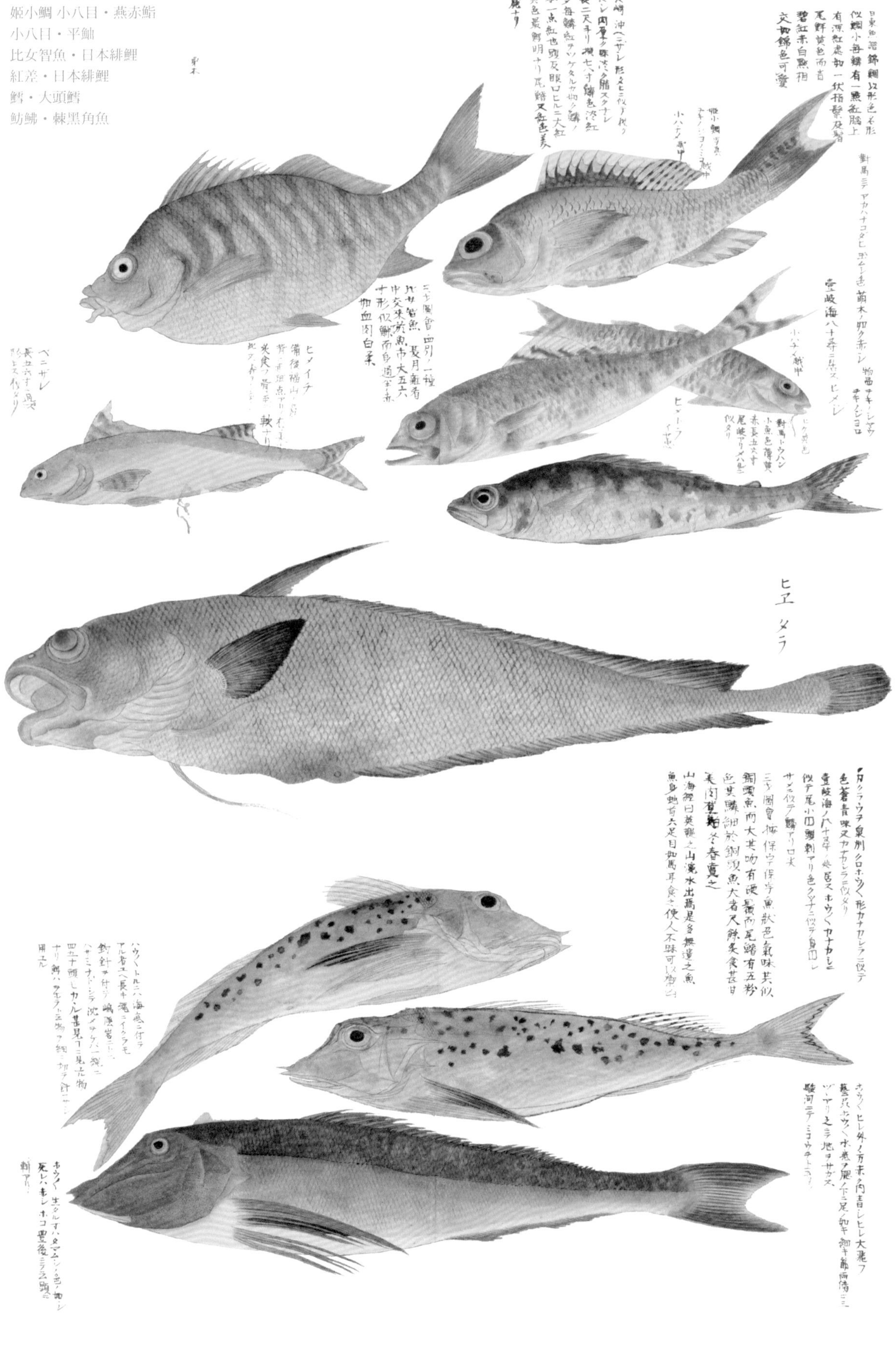

〔上段・右起〕笠子・石狗公／鯖・銀腹貪食舵魚／雀鯛・尾斑光鰓魚
〔下段・右起〕目近・圓花鰹／目近・圓花鰹的幼魚／宗太・扁花鰹

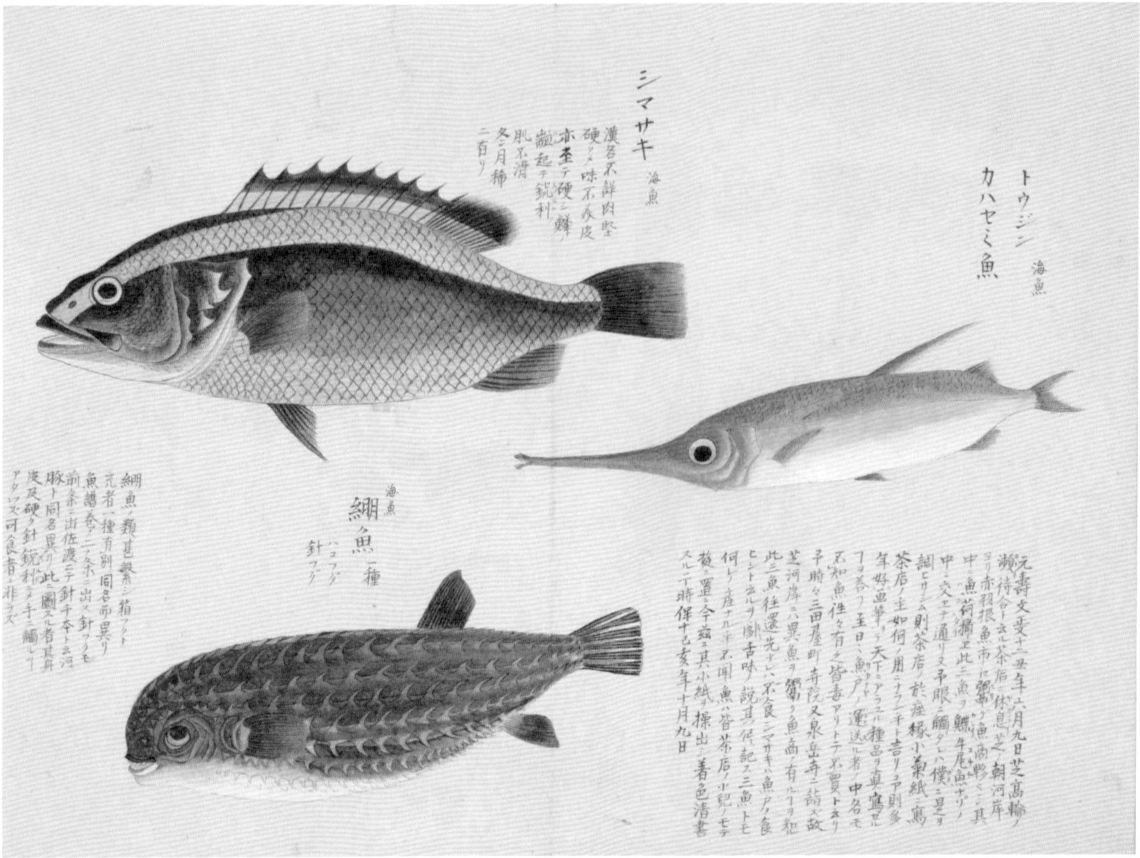

〔上段・右起〕
川鱓魚・鷸嘴魚／島崎・特氏紫鱸／䲅魚・無斑箱魨／河豚・斑點多紀魨／金緋魚・松原平鮋

〔次頁　上段・右起〕
白鰱・巨口鱎／惠美須鮒・高身鯽／天狗鯛・蝴蝶魚／泥鰍・泥鰍／鮸魚・羅漢魚／鬪魚・平頜鱲／赤飛・環紋蓑鮋／金鯛・赤鮭／鶇食・珠星三塊魚／海泥鰍・錦尉／宗太・扁花鰹／虎雞魚・美擬鱸／巾著鯛・藍帶荷包魚／絲魚・五絲多指馬鮁／針千本・六斑二齒魨／四角鯛・高菱鯛／勤魚・刀鱭／鯷諸子・小眼鰁(琵琶鰉)／頭削・石川魚／石鮅魚 白鮭・縱紋鱲／油鮠・長尾鰄／黃穡魚・紅連鰭唇魚／黑鯛・黑棘鯛的幼魚

〔右起〕
金魚・蘭鑄(蘭壽)／丁斑魚・青鱂／赤目高・青鱂

『梅園魚譜』

毛利梅園・畫　親筆字畫手稿本 一帖

◎天保六年（一八三五）序

《梅園魚譜》原是與《梅園魚品圖正》（二帖）合為三帖一組的作品，加總達二四九幅圖。該圖譜書名取自題簽，目錄首行標有《寫真洞魚品圖正　卷三》，收錄了八十七幅魚類彩圖，附有和漢名稱與解說。除了被認為是轉錄自其他圖譜的鯨魚類，其他均明確記載寫生日期，可以看到從丙戌（一八二六）至癸卯（一八四三）的干支紀年。

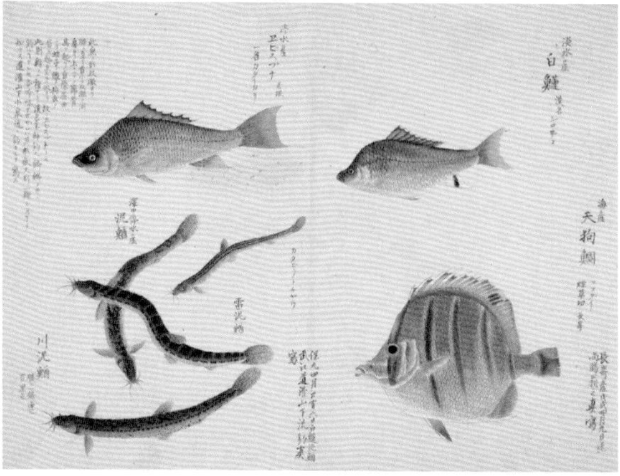

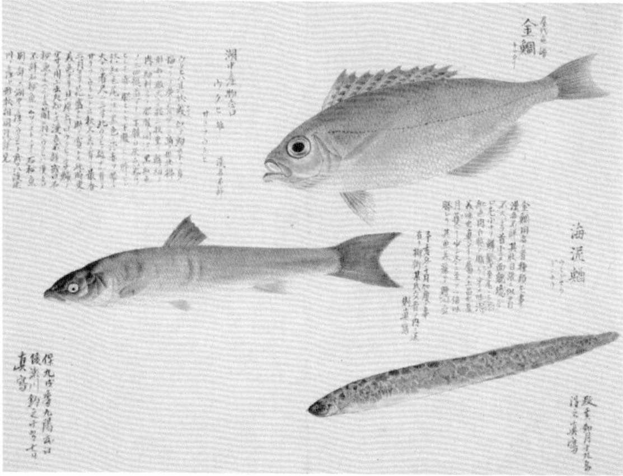

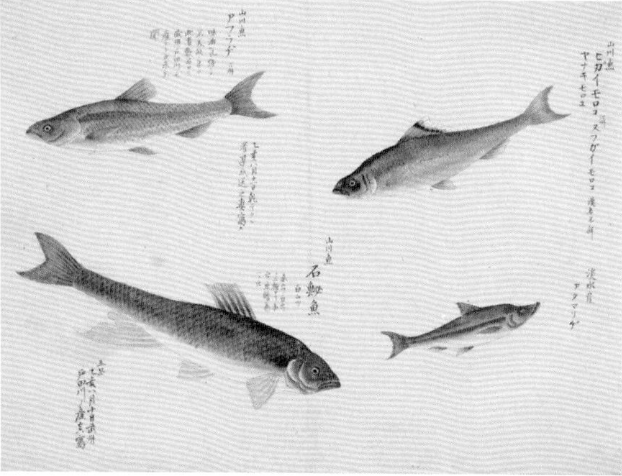

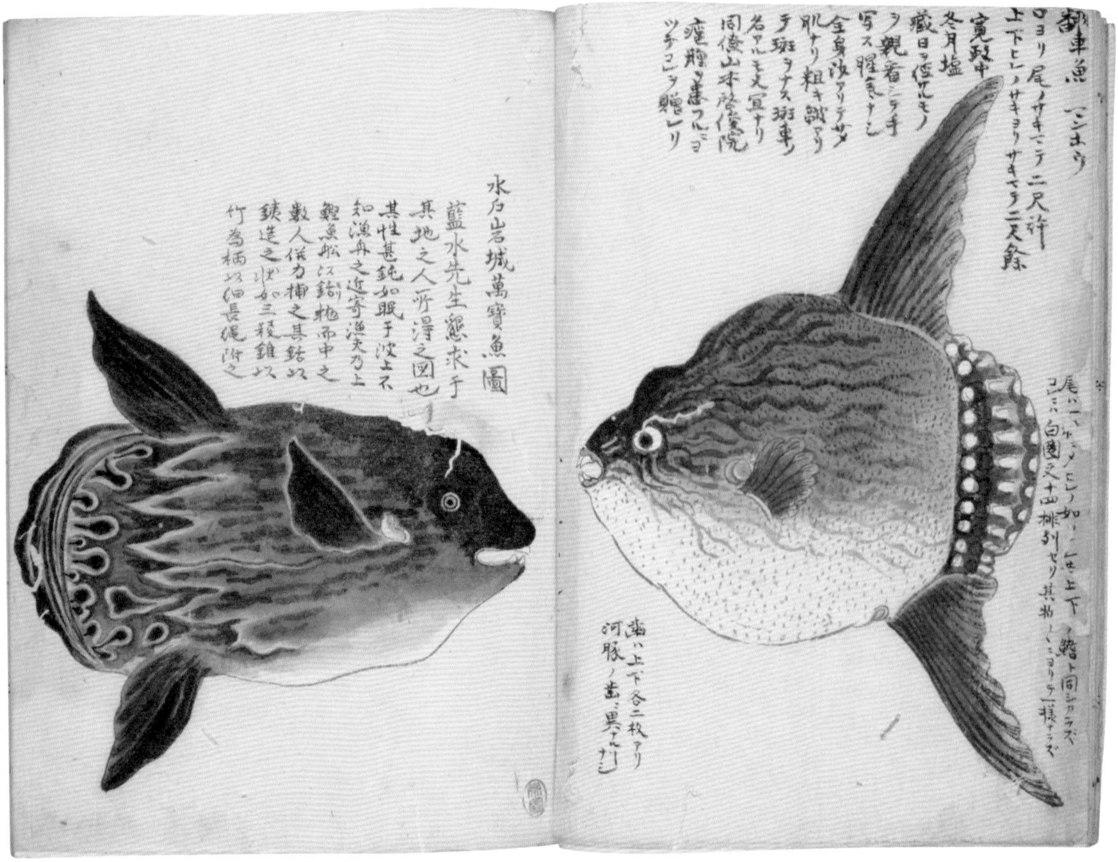

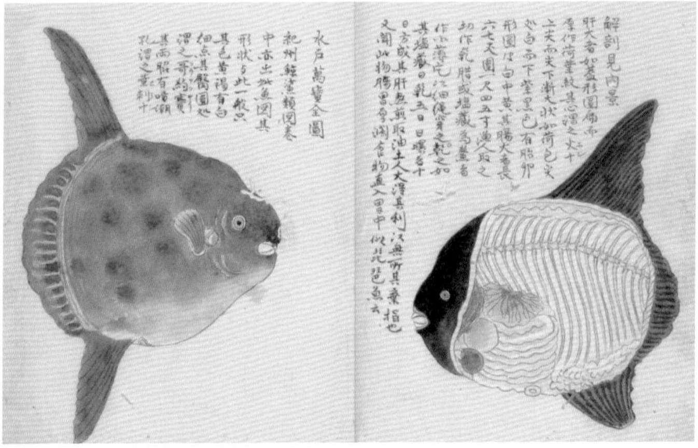

〔上段・右起〕
翻車魚・翻車魨（翻車魚、曼波）
水戸岩城萬寶魚圖
解剖見内景（曼波魚的解剖圖）
水戸萬寶全圖

「水戸萬寶圖」

『翻車考』

栗本丹洲・著　親筆字畫　一冊

◎文政八年（一八二五）序

《翻車考》由丹洲蒐集的九幅畫構成，並附上自己的考察結果，其中也包括同樣對翻車魚（中文又叫曼波魚）感興趣的好友——蘭學者大槻玄澤——所收藏的蘭書（外文書）裡的圖畫。翻車魚的漢名又作「曼波」、「滿方」，另有「浮龜」和「浮木」等稱呼，體長約四公尺，重量達一噸半。奇妙的外觀引起人們高度的興趣，因而留下許多記錄。上段右側的〈翻車魚〉是幕醫栗本丹洲的寫生圖，左側的〈水戸岩城萬寶魚圖〉則是轉錄自丹洲的父親田村藍水收集到的圖。

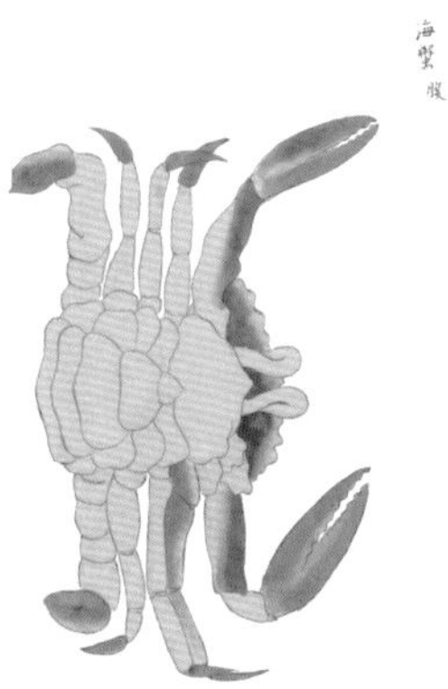

「海蟹 腹・三歯梭子蟹」

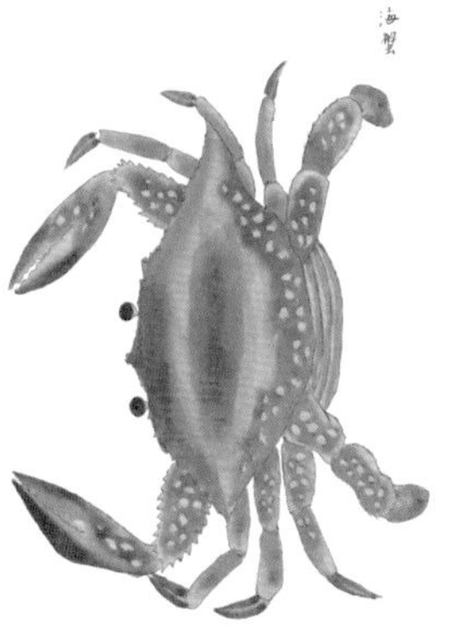

「海蟹・三歯梭子蟹」

「玳瑁」

「玳瑁」

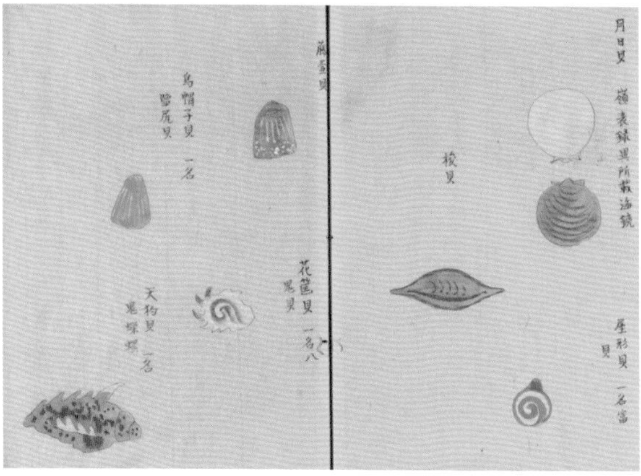

〔上段・右起〕
日月貝・日月蛤
梭貝・菱角螺
屋形貝・三帶泡螺
花筐貝・？
烏帽子貝・茗荷
天狗貝・大千手螺
魁蛤・毛蚶(毛蛤)
流螺 長螺・鐵銹長旋螺
海鰤 馬比・日本鳳螺

「海蝦・蝦類」

『隨觀寫真』

後藤梨春・著

◎寶曆七年（一七五七）序
◎安政五年（一八五八）寫本

《隨觀寫真》原是收錄動植物的全面性圖譜，但現在流傳的只有刊載二八八幅魚類圖案和六十八種貝類的六冊。〈介部六〉（貝類六）的末尾附有喜好動植物的大名之一，信濃須坂藩主堀直格的跋文。作者後藤梨春是在江戶行醫的醫者，晚年在醫學教育機構躋壽館擔任都講（相當於現在的教務主任）。

海蛇一種色赤キ者アリ備前アリ方言アコーラト云
形傘ノ如ク二ノ下ニ細長ノ紐多シ二ニ觸ル時ハ断落シヤスシ若
人手誤テ其身及紐ニ觸犯セハ忽腫痛忍フヘカラズ甚毒アリ
漁人モコレラ不取ト云是蘭山説ナリ

〔上段・右起〕
海蛇的一種・赤水母
飯蛸
赤蛸・？
糸卷海星・海燕(海星)
龜手・龜足茗荷

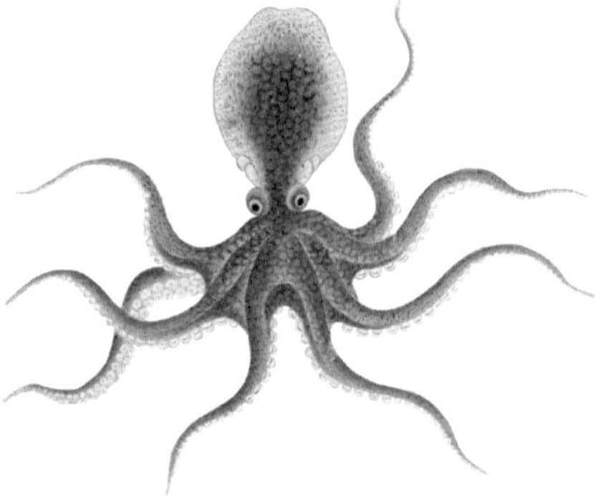
飯ダコ

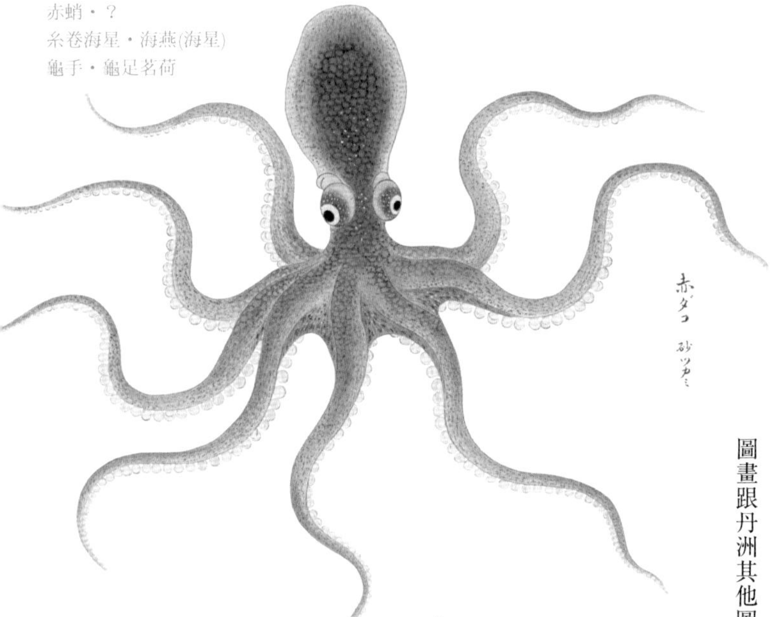
赤ダコ
砂ツカミ

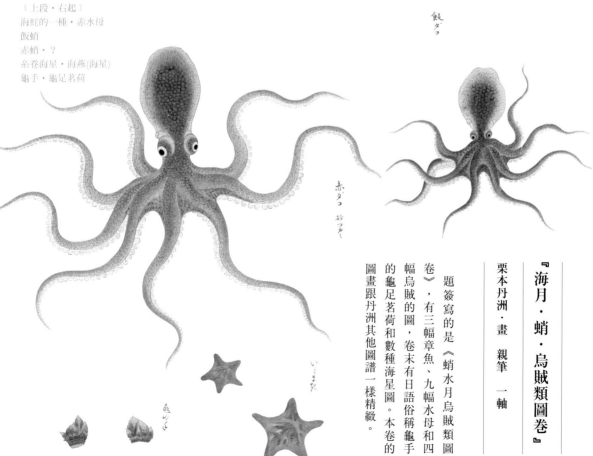

『海月・蛸・烏賊類圖卷』

栗本丹洲・畫　親筆　一軸

題簽寫的是《蛸水月烏賊類圖卷》，有三幅章魚、九幅水母和四幅烏賊的圖，卷末有日語俗稱龜手的龜足茗荷和數種海星圖。本卷的圖畫跟丹洲其他圖譜一樣精緻。

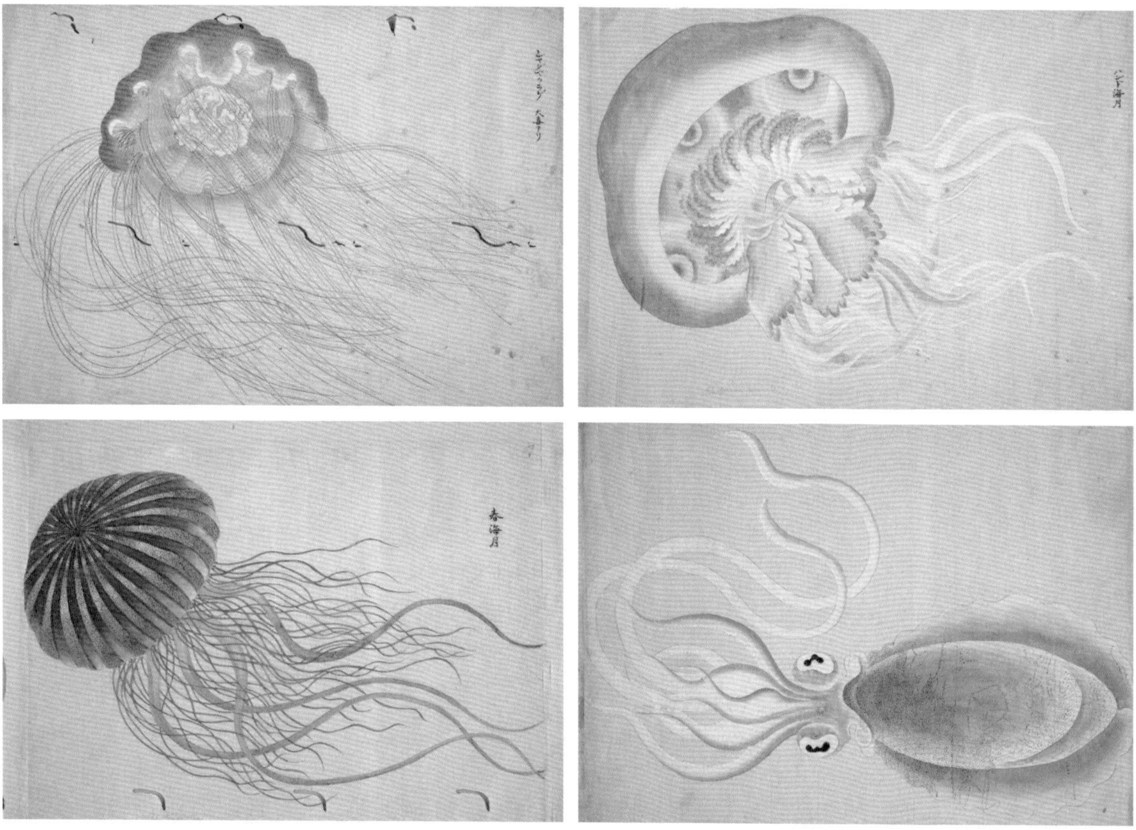

〔上段・右起〕
半戸海月・水母
赭熊海月・幽靈水母
烏賊的一種
春海月・赤水母

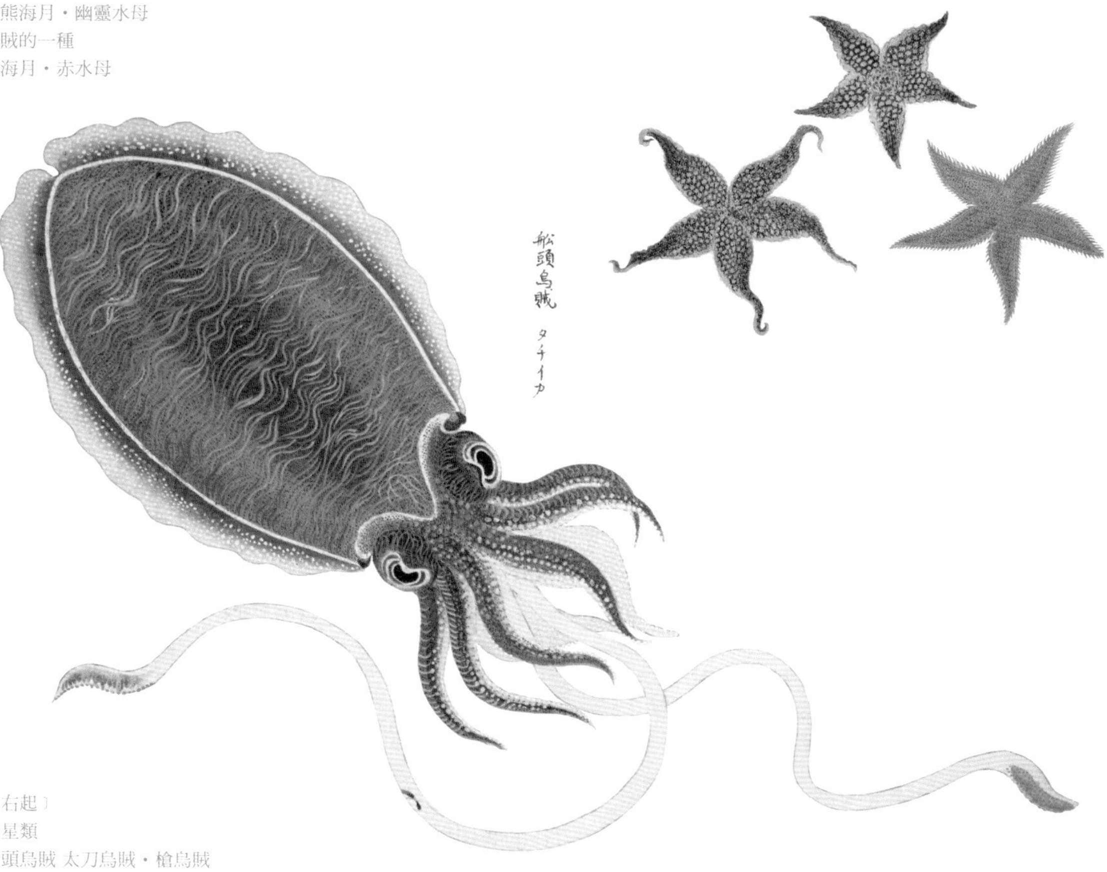

〔右起〕
海星類
舩頭烏賊 太刀烏賊・槍烏賊

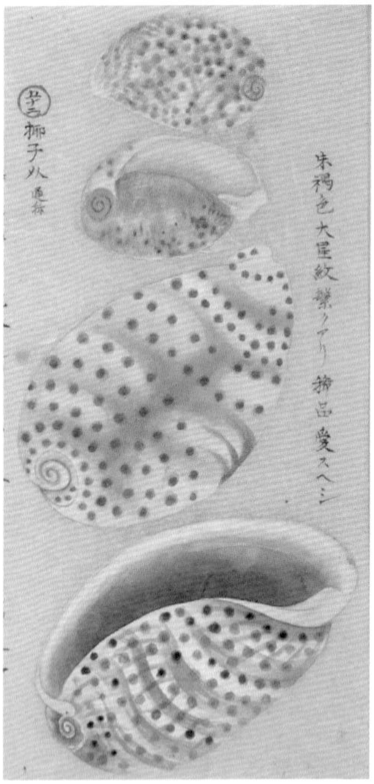

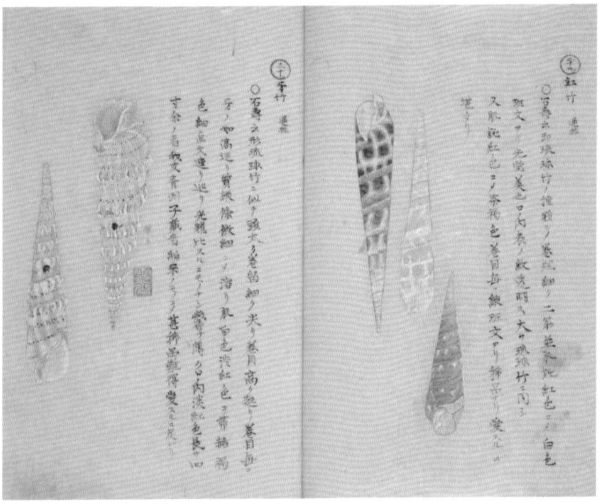

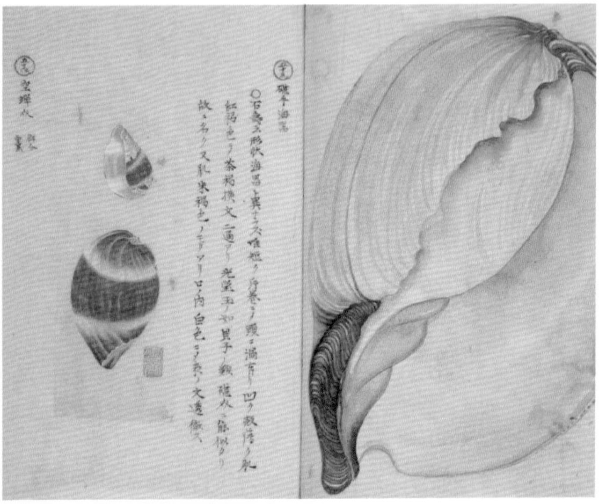

〔上段・左兩圖〕寄居蟲・厚腕真寄居蟹〔石疊宿借〕。右圖為寄居蠑螺殼中、左為脫殼的模樣」
〔下段・左兩圖〕右圖是「紅竹・紅筍螺」，左圖有服部雪齋落款的是「牙竹・花牙筍螺」

『目八譜』

武藏石壽・著　服部雪齋・畫　原著

◎弘化二年（一八四五）序

《目八譜》是武藏石壽的巨著，全十五卷十三冊，以獨特的方式將超過九百種的貝類做十種分類解說，是日本最早的科學性貝類圖譜。圖畫是沿輪廓剪貼博物畫高手服部雪齋的精密繪圖而成。書名是弘化元年（一八四四）三月時由富山藩主前田利保所取。根據序文的撰述，利保稱讚石壽的貝類知識超乎常人，因而仿「岡目八目」（原指旁觀者清，此為取縱觀全局之意），將貝字拆成目與八，取名為《目八譜》。

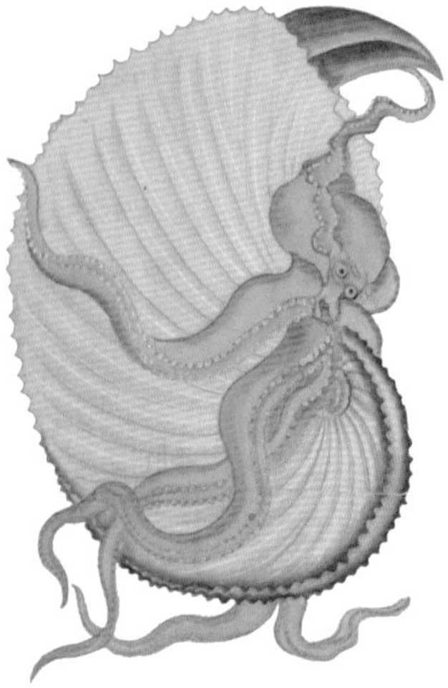

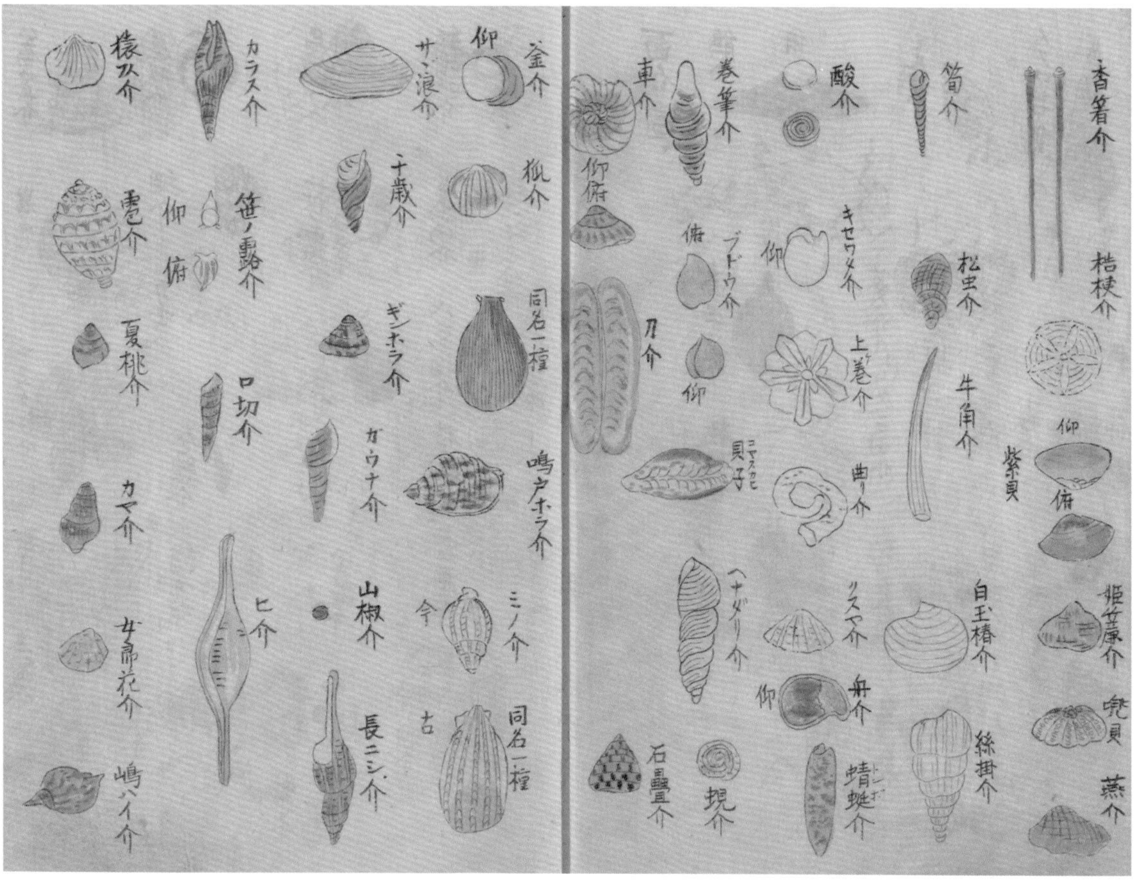

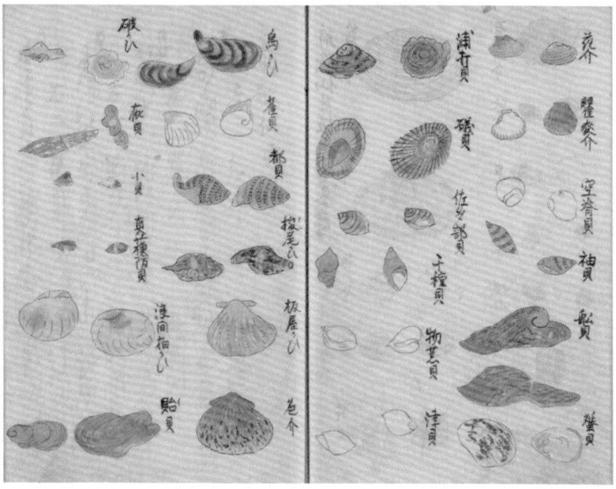

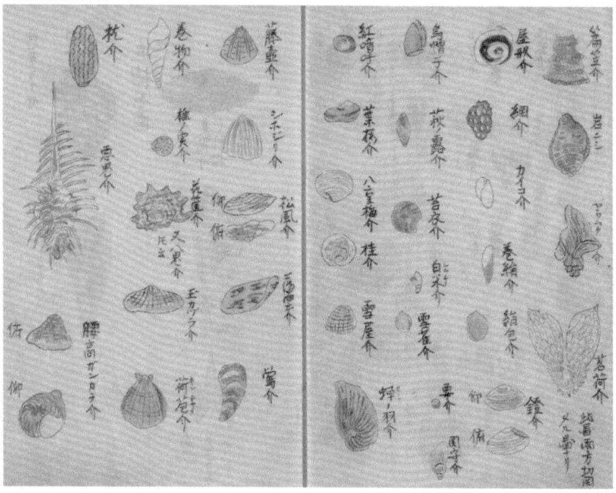

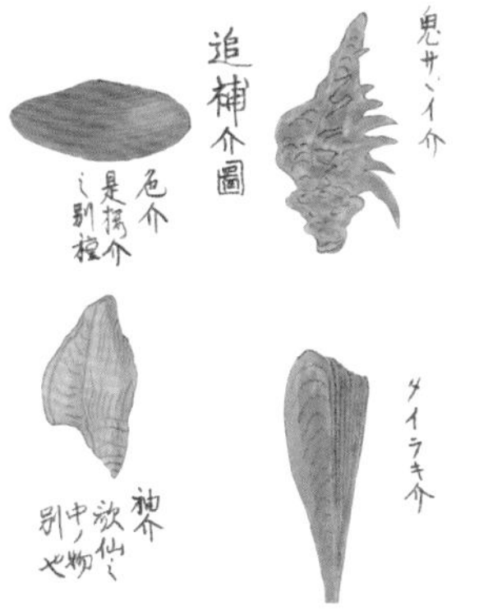

『貝茂鹽草』

渡部主税・編　手稿本　十五冊

◎寛保元年（一七四一）序

到了十八世紀流行起貝類收集，在那之前還盛行仿照三十六歌仙選出歌仙貝，亦即從和歌裡選出三十六首跟貝類有關的詩歌、搭配同名貝類，可有不同的組合。《貝茂鹽草》是古老的貝類書籍之一，圖錄抄寫自《六六貝合和歌》以前出版的刊物。本書雖然是匯整早期歌仙貝的重要參考資料，卻因流傳的版本不多而鮮為人知。

人物介紹

◉飯室昌栩　Masanobu Iimuro

寬政元年～安政六年（一七八九～一八五九）

江戶時代後期的博物學者，通稱庄左衛門，號樂圃、千草堂。師事設樂甚左衛門，在天保七年（一八三六）加入越中富山藩主前田利保所主持的博物研究會「赭鞭會」。安政三年（一八五六）出版的十二卷《蟲譜圖說》是日本最早做系統分類的蟲類圖鑑。

◉伊藤圭介　Keisuke Ito

享和三年～明治三十四年（一八〇三～一九〇一）

江戶時代後期到明治時代的植物學者兼蘭方醫者。出身於名古屋的醫家，本姓西山，名舜民、清民，號錦窠，是大河內存真（醫師兼本草學者）的弟弟。在本草學和蘭學方面各拜水谷豐文和藤林普山為師。文政九年（一八二六）和豐文等人一起在熱田迎接從長崎來到江戶的西柏德，受其影響。文政十二年發行《泰西本草名疏》，首將林內（Carolus Linnaeus）的植物分類法介紹到日本。弘化四年（一八四七）成為名古屋藩醫。

◉岩崎灌園　Kanyen Iwasaki

天明六年～天保十三年（一七八六～一八四二）

江戶時代後期的本草學者。出生於江戶的下谷三枚橋，名常正、萬，字士方，通稱源藏。師事晚年的小野蘭山。文化十一年（一八一四）循若年寄崛田攝津守正敦的命令，協助屋代弘賢編輯《古今要覽》，負責動植物內容與插圖，獲得高度認同。文政九年（一八二六）與短暫停留江戶的西柏德進行植物知識交流，又在谷中的自宅開設「又玄塾」講授本草知識。天保元年（一八三〇）起正式著手編纂彩色植物圖鑑《本草圖譜》，於天保十三年完成六十四卷後因病過世，由長子正藏接手完成九十六卷。

◉奧倉辰行　Tatsuyuki Okukura

不明～安政六年（？～一八五九）

江戶神田多町二丁目裡菜商甲賀屋的長男，號魚仙，通稱甲賀屋長右衛門，比起經商更熱中於學問和游藝。其繪畫才能受到湯島文獻學者狩谷掖齋的賞識，在對方的援助下，二十多年來每天勤跑日本橋的魚市場進行魚類寫生。辰行的研究方法優點在於，跟十九世紀博物學的方法論是一致的，均以實物寫生為出發點。著有《水族寫真——鯛部》、《水族四帖》、《魚仙水族寫真》和《異魚圖纂・勢海百鱗》等圖譜。

◉神田玄泉　Gensen Kanda

生歿年不詳

江戶時代中期江戶的醫生，又名玄仙。享保十六年（一七三一）出版《日東魚譜》全八卷，被視為是日本第一套魚類圖譜，附有魚貝類的形狀、方言、氣味、毒性和主治功效等說明。其他另有《本草考》、《靈樞經註》、《痘疹口訣》等醫學著作。

◉栗本丹洲　Tanjyu Kurimoto

寶曆六年～天保五年（一七五六～一八三四）

江戶時代中期到後期的醫師與本草學者，是博物學者田村藍水的次男，同時也是幕府官醫栗本昌友的養子。任幕府奧醫師（負責診療將軍與其家人的醫官），在幕府醫學館講授本草學，進行蟲類、魚貝類等研究，著有日本最早的昆蟲圖說《千蟲譜》等彩色寫生圖譜。又因繪圖技巧精湛，其寫生圖也經由西柏德流傳到海外。

◉後藤梨春　Rishun Goto

元祿九年～明和八年（一六九六～一七七一）

江戶時代中期的本草學者兼蘭學者，出生在江戶，是個醫生。原本姓能登國七尾城主的多田氏，到了父親義方那一代改姓後藤，本名光生。師事田村藍水，在本草學方面與稻生若水齊名。寶曆七年至十年（一七五七～一七六〇）之間曾參與江戶和大坂（現大阪）物產會的展出，明和二年（一七六五）任江戶醫校躋壽館都講，教授本草學。在介紹荷蘭地理、曆法、物產和科學機器等知識的著作《紅毛談》，被視為是日本第一個講述電氣的文獻。另著有《本草綱目補物品目錄》、《春秋七草》、《震雷記》等。

◉坂本浩然　Kounen Sakamoto

寬政十二年～嘉永六年（一八〇〇～五三）

江戶時代後期的本草學者和醫師。名直大，浩然是一般人對他的稱呼。號浩雪、曹溪、櫻子、香邨。父親是和歌山藩醫兼本草鑑定的坂本純庵。跟從父親學醫、曾占春學本草，後於攝津高槻藩主永井氏的底下奉公。因擅長作畫而替純庵的《百花圖纂》和遠藤通的《救荒便覽後集》繪圖。天保六年（一八三五）發行的兩卷《菌譜》，涵蓋了食用菌、毒菌和菇類等計五十六種圖說，是江戶時代菌蕈類書籍裡最傑出的作品。

◉田村藍水　Ransui Tamura

享保三年～安永五年（一七一八～七六）

江戶時代中期的本草學者。出生在江戶神田，通稱元雄，名登，號藍水，跟從阿部將翁學本草。於寶曆七年（一七五七）在湯島首次舉辦的物產會中，展示多年來從日本各地採集到的動植物和礦物。寶曆十三年任幕府醫師，負責研究朝鮮人參在國內的栽種方式，其方法詳述於著作《人參譜》裡。

◉服部雪齋　Sessai Hattori

文化四年～不明（一八〇七～？）

江戶時代後期到明治時代的畫家，以博物畫聞名。天保十五年（一八四四）武藏石壽的貝類圖鑑《目八譜》、安政元年（一八五四）萬花園所著《朝顏三十六花撰》和《華鳥譜》等書中的圖畫均出自其手。明治維新後成為博物局的畫家，在該單位編纂的《動物圖》和伊藤圭介編著的《日本產物志》等書中留下優秀的繪圖作品，但明治二十一年（一八八八）後下落不明。

◉堀田正敦　Masaatsu Hotta

寶曆五年～天保三年（一七五五～一八三二）

江戶時代中期到後期的大名。通稱藤八郎，號水月，是仙台藩主伊達宗村的幼子，後成了堀田正富的養子，繼承近江堅田藩主堀田家，轉封下野國佐野。擔任幕府若年寄的四十二年間，從事醫學相關行政和蝦夷地探險，並參與《寬政重修諸家譜》的編輯。正敦本身也是個博物學家，著有《堀田禽譜》、《寬文禽譜》、《寬文獸譜》和《寬文介譜》等書。

◉牧野貞幹　Sadamoto Makino

天明七年～文政十一年（一七八七～一八二八）

江戶時代後期的大名。身為牧野貞喜的次男，任常陸笠間藩第四代藩主。通稱外之助、駒吉。在幕府擔任奏者番，負責管理城中武家禮法。擴充藩校時習館，創設醫學所博采館、藥園和講武館。在本草學領域裡，親自提筆寫生，完成《鳥類寫生圖》四卷和《草花寫生》八卷。尤以前者，收錄兩百種鳥類寫生圖並註記羽毛特色等，是本正式的動物圖譜。《草花寫生》裡則畫有二八四幅花草圖。

◉增山正賢　Masakata Mashiyama

寶曆四年～文政二年（一七五四～一八一九）

江戶時代中期到後期的大名，同時也是個畫家。為增上正贇的長男，任伊勢長島藩主增山家第五代藩主。字君選，號雪齋、巢丘山人、石顛道人等。聘請十時梅厓創設藩校文禮館。長於寫詩作畫，尤以蟲類寫生圖譜《蟲豸帖》也成為本草學方面的重要資料。身為愛好風雅的文人大名，以「雪齋」之號聞名於世。

◉松平賴恭　Yoritaka Matsudaira

正德元年～明和八年（一七一一～一七七一）

江戶時代中期的大名。陸奧守山藩松平賴貞的兒子，通稱大助，號白岳。後成為松平賴桓的養子，繼承讚岐高松藩主之後，致力殖產興業，命人研究砂糖和鹽的製法。與熊本藩主細川重賢並列初期的博物大名。令畫家繪製《眾鱗圖》、《眾禽畫譜》、《眾芳畫譜》和《寫生畫帖》等圖譜。賴貞升格錄用下級家臣平賀源內為藥坊主一事也為人熟知。

◉水谷豐文　Toyobumi Mizutani

安永八年～天保四年（一七七九～一八三三）

江戶時代後期的本草學者。出生在名古屋，字伯獻，通稱助六，號鉤致堂。受到身為尾張藩士的父親影響，親近本草，師學淺野春道和小野蘭山，擔任藩內藥園御用一職，在藥園裡種植了供研究與寫生用的兩千種植物，是第一個在寫生圖裡附記林內植物學名的人。文化六年（一八〇九）出版四千種本草和漢名稱對照的《物品識名》兩冊，獲得佳評。與伊藤圭介等人一同在熱田迎田來江戶參訪的西柏德，並對其展示自己的圖譜。除了《本草綱目紀聞》六十冊，還有許多未付梓的著述。

◉武藏石壽　Sekiju Musashi

明和三年～万延元年（一七六六～一八六一）

江戶時代後期的旗本兼本草學者。幼名釜次郎，後改為孫左衛門。名吉惠，號石壽、翫珂亭。在長期擔任甲府勤番（駐守甲府，管理城米和整備武具等）之後返回江戶，加入富山藩主前田利保等人也參與的赭鞭會，從事本草研究，其成果為弘化元年出版的《目八譜》十五卷，將高達千種的貝類做分類，在服部雪齋繪製的彩圖旁附加解說，是日本貝類學史上的重要人物。另有《貝譜群分品彙》和《介殼稀品撰》等著作。

◉毛利梅園　Baien Mori

寬政十年～嘉永四年（一七九八～一八五一）

江戶時代後期的博物學者。出生於江戶築地旗本之家，名元壽，號梅園、寫生齋、華魁舍等。以幕臣的身分擔任直屬將軍親衛隊的書院番。二十多歲起對博物學感興趣，而留下許多精確美麗的動植物素描，且大半為實體寫生，在模寫作品泛濫的江戶時代圖譜裡實屬特例，也留給後世認識江戶時代動植物的傑出的參考資料。除了《梅園百花花譜》十七冊，還有《梅園介譜》、《梅園禽譜》、《梅園魚譜》和《梅園蟲譜》等寫生圖譜。

◉森春溪　Shunkei Mori

生歿年不詳

江戶時代後期的畫家。名有煌、字仲禿，大阪人，家住浮世小路。拜師森狙仙學習繪畫，長於花鳥畫。文政四年出版的《肘下選蠕》，精湛的寫生手腕描繪出昆蟲花草的生命之美，另一部畫譜作品《花壇朝顏通》也點出朝顏（牽牛花）清秀美麗的模樣，其他也參與教科書裡的插畫製作等。

◉屋代弘賢　Hirokata Yashiro

寶曆八年～天保十二年（一七五八～一八四一）

江戶時代後期的國學者。是住江戶神田明神下幕臣屋代佳房的兒子，通稱大郎，號輪池。在國學和儒學方面分別拜師塙保己一和山本北山，曾參與柴野栗山的《國鑑》以及塙保己一的《群書類從》等編輯。循幕府的命令，撰寫《古今要覽稿》並參與《寬政重修諸家譜》等編輯。以藏書家聞名，熱心收集各種書物，在上野不忍池畔建造「不忍文庫」。

參考文獻

《江戸の動植物図》出版局專案室編　朝日新聞社　1988
《鳥の手帖》尚學圖書編　小學館　1990
《魚の手帖》尚學圖書編　小學館　1991
《舶来鳥獸図誌》磯野直秀、內田康夫編 解說　八坂書房　1992
《彩色江戸博物学集成》平凡社　1994
《日本の博物図譜》國立科學博物館編　東海大學出版會　2001
《描かれた動物・植物─江戸時代の博物誌》國立國會圖書館編　國立國會圖書館　2005
《図説　鳥名の由来辞典》菅原浩、柿澤亮三編著　柏書房　2005
《図説　魚と貝の事典》望月賢二監修・魚類文化研究會編　柏書房　2005
《図説　花と樹の事典》木村陽二郎監修・植物文化研究會編　柏書房　2005

作品與資料刊載協助

京都國立博物館
國立國會圖書館
宮內廳三之丸尚藏館

企畫・構成・解說

編輯室 青人社　濱田信義

江戶時代的動植物圖譜 江戸の動植物図譜

從珍貴的500張工筆彩圖中欣賞日本近代博物世界

監修　狩野博幸
翻譯　陳芬芳
審定　林哲緯(植物類圖譜之名詞)
陳賜隆(鳥類、獸類、蟲類、魚貝類圖譜之名詞)
責任編輯　張芝瑜
美術設計　郭家振
行銷業務　郭芳臻

國家圖書館出版品預行編目(CIP)資料

江戶時代的動植物圖譜：從珍貴的500張工筆彩圖中欣賞日本近代博物世界 / 狩野博幸監修；陳芬芳譯. -- 初版. -- 臺北市：麥浩斯出版：家庭傳媒城邦分公司發行, 2020.03
面；　公分
譯自：江戸の動植物図譜
ISBN 978-986-408-590-3(精裝)

1. 生物學史 2. 江戶時代 3. 日本

360.931　109002980

發行人　何飛鵬
事業群總經理　李淑霞
副社長　林佳育
副主編　葉承享
出版　城邦文化事業股份有限公司 麥浩斯出版
E-mail　cs@myhomelife.com.tw
地址　104台北市中山區民生東路二段141號6樓
電話　02-2500-7578
發行　英屬蓋曼群島商家庭傳媒股份有限公司城邦分公司
地址　104台北市中山區民生東路二段141號6樓
讀者服務專線　0800-020-299(09:30 ~ 12:00; 13:30 ~ 17:00)
讀者服務傳真　02-2517-0999
讀者服務信箱　Email: csc@cite.com.tw
劃撥帳號　1983-3516
劃撥戶名　英屬蓋曼群島商家庭傳媒股份有限公司城邦分公司
香港發行　城邦(香港)出版集團有限公司
地址　香港灣仔駱克道193號東超商業中心1樓
電話　852-2508-6231
傳真　852-2578-9337
馬新發行　城邦(馬新)出版集團Cite(M)Sdn. Bhd.
地址　41, Jalan Radin Anum, Bandar Baru Sri Petaling, 57000 Kuala Lumpur, Malaysia.
電話　603-90578822
傳真　603-90576622

總經銷　聯合發行股份有限公司
電話　02-29178022
傳真　02-29156275

製版印刷　凱林彩印股份有限公司
定價　新台幣620元／港幣207元
2021年11月初版3刷・Printed In Taiwan

ISBN　978-986-408-590-3

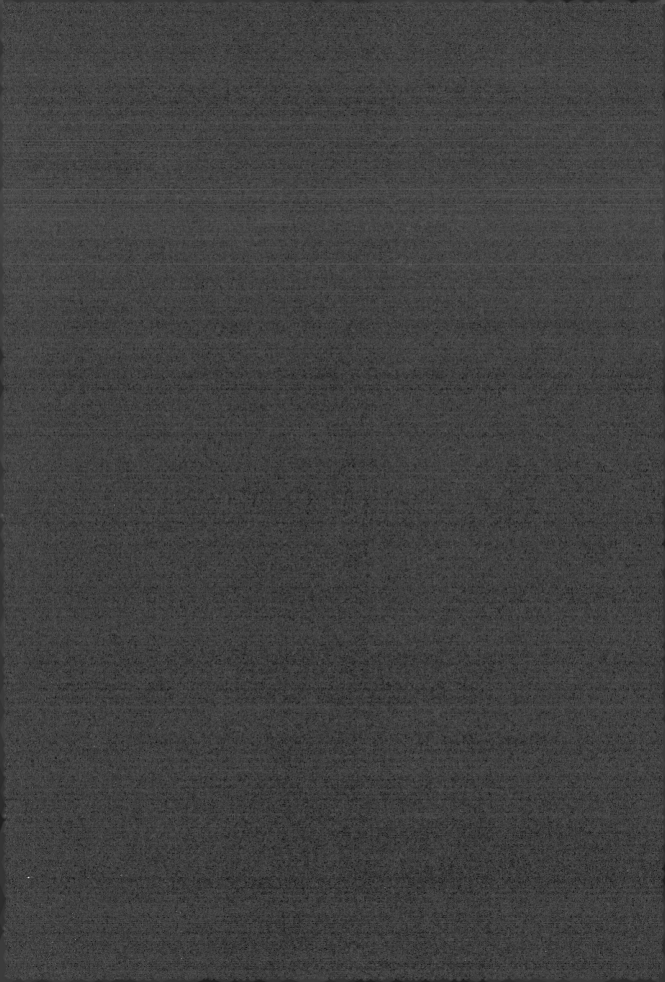